津菜100例

张伟津　著

河北科学技术出版社
·石家庄·

图书在版编目（CIP）数据

津菜 100 例 / 张伟津著 . -- 石家庄 : 河北科学技术
出版社 , 2020.12
　　ISBN 978-7-5717-0637-1

　　Ⅰ . ①津… Ⅱ . ①张… Ⅲ . ①菜谱 – 天津 Ⅳ .
① TS972.182.21

　　中国版本图书馆 CIP 数据核字 (2020) 第 239069 号

津菜100例
JINCAI 100 LI
张伟津　著

出版发行	河北科学技术出版社	
地　　址	石家庄市友谊北大街 330 号（邮编：050061）	
印　　刷	三河市华晨印务有限公司	
开　　本	787×1092　1/16	
印　　张	13.25	
字　　数	240 000	
版　　次	2020 年 12 月第 1 版	
	2020 年 12 月第 1 次印刷	
定　　价	88.00 元	

津菜概述

天津菜起源于民间，得势于地利，天津人真哏儿。天津人的哏儿源于古道热肠，开放包容的人脉、地脉、水脉、物脉；源于九方杂居、九河下梢、九五之门、九国租界的特殊机缘。天津菜的形成体系应首推八大成，八大成的第一成“聚庆成”是为了庆祝康熙皇帝登基而成立的，八人成的菜品可用奢华、富贵、大气来形容。与八大成遥相呼应的天津菜还有八大碗，这是针对百姓阶层发展壮大的，八大碗分为粗细八大碗、四季八大碗，也就是说一年四季春、夏、秋、冬都有不同的八大碗，充分体现天津菜应时到节，什么季节吃什么菜的特点。一方水土养一方人，天津人讲吃、懂吃、会吃，而且吃出了品位，天津的饮食文化、餐饮文化、烹饪文化已超越了地域文化体系，是天津这座历史文化名城的宝贵文化财富。

◎ 津菜漫谈

天津传统风味菜品犹如老天津卫人，线条粗犷，豪放，颇有燕赵遗风。据古籍记载：“天津旧为军卫之区，原崇俭朴，俗尚健武。礼教浙兴，事竟繁华”，“人杂五方，俗尚奢华”，而且“好美食，喜尝鲜”之风甚盛。天津人爱吃河、海两鲜，外地也流传着“吃鱼吃虾，天津为家”的说法。又有“当当吃海货，不算不会过”的谚语。天津人食鱼虾，讲究应时到节，如春季惊蛰过后，海水消融，晃虾即至，皮薄肉嫩，肥硕鲜美。但好景不长，十来天一晃即过，没吃着的只好等来年。至清明、谷雨，春雷初响，黄花鱼大量上市，津门俗称“河口花鱼”，腹部鳞片金黄，肉质雪白，细嫩滑爽，无碎刺，过去是供奉朝廷的上品。清末周楚良《津门竹枝词》记其事：“贡府头纲重价留，大沽三月置星邮，白花不似黄花好，鳃下分明莫误求。”黄花鱼上市不过半个月，即又随雷声而去。所以，饕餮之徒倾囊而沽，仍不得尽食其味之美，故将家产“暂存”当铺。买回海货，以解口腹之欲。

津菜借助津门富饶的物产和食俗民风，随着天津政治、经济（特别是漕运、盐业）和文化的发展及其逐步城市化而在明末清初逐渐形成，至清同治、光绪两朝达到鼎盛阶段，民国后仍维持繁荣局面，尤其属于津菜体系的清真菜和素席菜得到较大发展。同时，名菜系（川菜、鲁菜、粤菜、淮扬菜）涌入津门，天津作为商业大都会，对各地风味兼收并蓄，扩大了津菜的范围。津菜主料突出，质朴无华，在造型配色上下功夫，可谓"清水出芙蓉，天然去雕饰"，如天津传统名菜罾蹦鲤鱼、软熘鱼扇，均无副料点缀。前者整鱼带鳞炸制后伏卧盘中，"吱吱"作响，有挣扎欲蹦之势。后者鱼片带皮挂糊，下勺炸制后熘，经大翻勺盛入盘中。两菜均为金黄色，依靠厨师高超的刀工技巧和烹调工艺，将其加工成色形俱佳的名馔佳肴。津菜善于烹，精于调，一菜一事（故事），独具特色，百菜百味，各有千秋。津菜注重菜品质地，主料讲究软、烂、脆、嫩、酥，即软而不绵、烂而不塌、脆而不艮、酥而不散。古语云："宁可食无馔，不可饭无汤。"津菜历来重视汤的制作，有三合汤、白汤、素汤之分。故《津门竹枝词》有"海珍最属燕窝强，全仗厨人对好汤"的赞誉。当时津菜鼎盛时期，大型的饭庄就有30余家，"高楼大厦，陈设华丽，远胜京师"（《中华全国风俗志》），津门著名文学家华长卿（1805—1881年）写过"北方食品之多，以津门为最，吴、越、闽、楚来游者，皆以为烹饪之法甲天下，京师弗若也"的赞语。河北庆云诗人崔旭也曾写诗称赞："翠釜鸣姜海味稠，咄嗟可办列珍馐。烹调最说天津好，邀客且登通庆楼。"关于津门名菜佳肴还有不少赞美的诗篇。

◎ 天津人谈天津菜

天津菜经过300多年的学习、探索、交流，形成自己特有的风格，其特点如下：

（1）技法完整、独特。津菜见长技法有炸、烹、爆、炒、烧、熘、氽、炖、蒸、熬、笃、扒。其中，尤以勺扒、软熘、清炒、油爆最见长。勺扒即采用大翻勺，使主料软烂入味，汁明味厚，造型完美。

（2）擅烹河、海两鲜和家禽。天津盛产咸、淡两水的鱼、虾、蟹、贝，按季节取料，适时推出。论鱼，讲究春吃黄花、梭鱼，夏吃鲅鱼、目鱼，秋吃鲤鱼、刀鱼，冬吃银鱼；论蟹，春吃海蟹，秋吃河蟹，冬吃紫蟹；论虾，又分为对虾、虾钱、晃虾、青虾、港虾等多种。

（3）口味多变，质地多样。津菜以咸鲜为主，清浓兼备，口味不拘一格，富于变化。较常见的有酸甜、酸甜咸、酸辣、甜咸、甜辣咸、酸甜咸辣等数十种味，以适应八方食客需求。

（4）精于调味。津菜中，凡味厚的菜品，行业内多以大佐料来炝勺，以增其风味。凡清淡菜品，多用鲜姜汁，适当配合食醋调味。津菜在使用明油时多用花椒油，以提高菜品的清香而不影响本味。

（5）制汤讲究，因菜使用。多年来，炖汤位居其首，与烤卤、炒糖色同为津菜小灶三大基本功，足见其被重视的程度。津菜厨师基本无菜不用汤，传统上少用味精，以保菜肴鲜美醇厚，本味纯正。

（6）筵席档次完备，名目繁多。津菜筵席高、中、低档兼备：高有小满汉重八席，也就是说八八燕翅席、六六鸭翅席，其菜点精致，服务高雅，餐具考究，环境宜人；中有海参席；低有各类便宴，最宜家庭喜寿之事。

（7）清真菜、素席菜独具特色。天津回民较多，清真菜在津菜中占有重要地位。《津门竹枝词》中即有"熘筋笃脑又爆腰，酿馅加沙炸尾焦，羊肉不膻刘老济，河清馆靠北浮桥"的记载。津门素菜源于佛门斋饭和祭祀供品，民国后随着社会的发展而一度兴盛。其特点是荤菜有什么，素菜就有什么，菜品相同，形象相似，技法、口味均与津汉回两菜无异，只是用料区别，技术性很强。例如，扒鱼翅是以黄花菜烹制，色、香、味、形俱佳。

目录

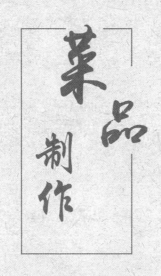

菜品
制作

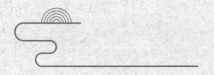

顶汤氽官燕

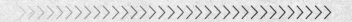

原料

主料：发好的官燕 50 克。

辅料：香菜末 8 克，南瓜茸 20 克。

调料：盐 2 克，料酒 2 克，姜汁 3 克，湿淀粉少许，顶汤 100 克。

制作过程

a. 将发好的官燕蒸热装盘。

b. 将香菜末放入味碟。

c. 净锅上火放入汤，烧开后放入瓜茸调味，撇去浮沫，淋入薄芡，倒入容器中与官燕、香菜末一起上桌。

d. 食用时，将官燕和香菜末倒入汤碗中搅拌后即可。

特点

汤口回味，燕菜爽嫩，营养丰富。

此菜源自"一品官燕"，是一道传统津菜，燕菜是珍品中的上品，属于名贵食品，过去多为达官显贵所享用，故也叫"官燕"。《津门竹枝词》记载："海珍最属燕窝强，全仗厨人对好汤。"

桂花干贝

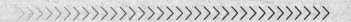

🍜 原料

主料：水发干贝 150 克，鸡蛋黄 8 个。

辅料：鸡小胸 20 克，火腿 10 克，黄瓜 10 克。

调料：大油 50 克，盐 6 克，姜汁 50 克，葱末 5 克，湿淀粉、高汤适量。

🍲 制作过程

a. 将火腿和黄瓜切成小粒备用。

b. 将鸡蛋黄和搓碎好的干贝放入碗中，将鸡胸用姜汁和高汤制作成鸡茸放入碗中调好味备用。

c. 锅上火烧热，放入大油爆香葱末，倒入一半蛋黄炒制断生，再放入大油把另一半蛋黄倒入锅中，炒熟即可装盘。

d. 锅中倒入适量水，调味，烧开后淋入薄芡，打入明油，浇在菜品上，撒上火腿黄瓜粒即可食用。

⭐ 特点

色黄如桂花，干贝鲜香。

此菜是津菜中一道传统名菜。

蟹黄烩鱼肚

🥟 原料

主料：发好鱼肚 100 克，蟹黄 30 克。

调料：大油 30 克，葱姜米 10 克，料酒 10 克，盐 3 克，白糖 3 克，高汤、花椒油适量。

🍲 制作过程

a. 将鱼肚改刀切成大片。

b. 将锅上火烧热，放入大油、葱姜米炝勺，再烹料酒打汤下鱼肚调味烧透，挂淀粉芡打明油出锅装入容器中。

c. 将蟹黄放入锅中煸炒，打少许汤调味，挂芡打明油后，出锅装在鱼肚上即可食用。

✪ 特点

色泽鲜艳，河、海两鲜，口味极佳。

此菜源自"扒蟹黄鱼肚"，是天津一道传统名菜，鱼肚是我国传统名贵食材，属于"海八珍"之一。

奶汤烩辽参

◎ 原料

主料：发好的辽参 1 个。

辅料：胡萝卜、花菇、小油菜适量。

调料：大油 30 克，淡奶油 50 克，盐 3 克，料酒 10 克，白糖 3 克，葱姜米、奶汤适量，水淀粉 20 克。

◎ 制作过程

a. 将海参洗净切成片过水备用。

b. 将胡萝卜和花菇改刀成小片，油菜取心过水备用。

c. 锅上火烧热，打大油、葱姜米炝勺，烹料酒，加汤，烧开后焖一下，再放入海参和辅料，调味，下入淡奶油，挂芡打明油出锅装盘即可食用。

◎ 特点

黑白艳丽，味鲜可口。

此菜源自"白汁海参"，是天津一道传统名菜。

荷 塘 月 色 海 参 盅

◉ 原料

主料：海参 1 个。

辅料：鸡小胸 50 克，豆腐 50 克，豌豆 6 粒，竹笙 1 棵，小香葱 1 棵，小油菜 1 棵。

调料：蛋清 1 个，盐 5 克，料酒 4 克，姜汁、鸡汤适量。

◉ 制作过程

a.将鸡胸和豆腐加入调味品一起制作成鸡茸，放入小味碟中酿入豌豆制作成莲蓬，上锅蒸熟取出备用。

b.将海参切碎，拌入鸡茸搅匀后酿入竹笙中，用香葱拴上节形成莲藕状，上锅蒸熟取出备用。

c.锅中放入适量鸡汤烧开调味，放入油菜，见开后出锅装入容器中，再把莲蓬和藕放入即可食用。

◉ 特点

意境优雅，清香回味。

此菜源自"清汤莲蓬海参"，是津门一道特色名菜。

肉酱汁烧鲜鲍鱼

🍶 原料

主料：鲜鲍鱼 1 个。

辅料：西兰花 1 朵，熟米饭 1 盅，熟牛肉 50 克。

调料：大料 1 瓣，面酱 20 克，料酒 20 克，盐 3 克，糖 3 克，酱油 5 克，食用油、葱姜丝、湿淀粉、高汤、花椒油适量。

🍲 制作过程

a. 将鲍鱼打上花刀和西兰花沸水焯一下，水出锅备用。

b. 锅中放入适量底油炸大料，放入葱姜爆香，炒面酱，烹料酒，加高汤烧开，再放入鲍鱼和熟牛肉，调味，烧入味，挂芡，淋上花椒油出锅装盘配上米饭和西兰花即可食用。

✪ 特点

鲍鱼鲜甜，口味浑厚。

此菜源自天津的黄焖烹调技法。

鲍之源吉品干鲍

🦪 原料

鲍之源干鲍预制品 1 盒（内含煲制好的干鲍和鲍汁）。

🍲 制作方法

a. 用温水整盒隔水解冻。

b. 将鲍鱼单独取出蒸 5 ～ 10 分钟。

c. 把鲍汁和蒸好的鲍鱼一起放进砂锅里焗 2 ～ 3 分钟后即可上菜。

⭐ 特点

日本吉品干鲍软糯、溏心、香气、弹牙，在干鲍家族中品质最为上乘，加之资源枯竭，因而价格极为昂贵。鲍之源吉品干鲍在品种上有日本吉品鲍部分基因，加之精湛的干鲍制作技艺和高超的干鲍煲制手法，确保了鲍之源干鲍预制品兼具软糯、溏心、香气、弹牙等日本吉品鲍的基础条件，加上价格平实和使用简便，成为目前全球干鲍食材的最佳选择。

白汁银鱼

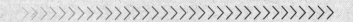

🍳 原料

主料：银鱼 400 克。

调料：盐 6 克，大油 1 000 克（耗 30 克），料酒 10 克，葱米少许，淡奶油、姜汁、鸡汤适量，湿淀粉 50 克，面粉 100 克。

🍲 制作过程

a. 将银鱼挤去眼洗净，用厨房用纸沾干水分，入味再滚上面粉备用。

b. 锅中放入大油烧到六成热时将银鱼氽一下捞出。

c. 原勺留底油炝葱米、烹料酒打汤下入银鱼，调味加入姜汁烧熟，用淡奶油调制淀粉挂芡淋大油，出锅装入容器即可食用。

✿ 特点

银鱼鲜嫩，口味清香。

此菜为天津一道传统名菜，同时银鱼又是津门"四珍"食材之一。《津门百咏》中有"一湾卫水好家居，出网冰鲜玉不如；正是雪寒霜冻时，晶盘新味荐银鱼"的赞美诗句。

朱砂银鱼

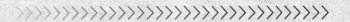

◎ 原料

主料：银鱼 200 克。

辅料：冬笋 20 克，水发香菇 20 克，雪菜叶 20 克，咸鸭蛋黄 4 个。

调料：蛋清 2 个，面粉 10 克，盐 5 克，酱油少许，香糟汁 10 克，三套汤 400 克，姜汁、香油适量。

◎ 制作过程

a. 将银鱼洗净去眼控去水分，抹上香糟汁晾一晾滚上面粉备用。

b. 将蛋清放入容器中用打蛋器打发成泡沫，将咸鸭蛋黄用刀拍碎放入锅中微火搓成细粉，将银鱼沾抹蛋清泡，再沾上鸭蛋粉，放入抹过油的盘中蒸 5 分钟取出备用。

c. 将冬笋、香菇、雪菜叶分别改刀切成薄片放入锅中沸水焯一下出锅备用。

d. 锅中放入适量三套汤烧开后调味加入姜汁，把辅料入锅中烧开后捞出沥干水分，装入汤盘备用。

e. 把蒸好的银鱼流入菜盘中，再把锅中的汤轻轻倒入盘中即可食用。

◎ 特点

色泽艳丽，鱼香汤鲜。

此菜是天津一道传统名菜。《津门竹枝词》中记载："银鱼绍酒纳于觞，味似黄瓜趁作汤，玉眼何如金眼贵，海河不如卫河强。"用玲珑剔透的银鱼配以形似朱砂的鸭蛋黄色泽加上各种辅料制作的汤菜，观其菜让人赏心悦目，品其味淡而不薄、齿颊留香。

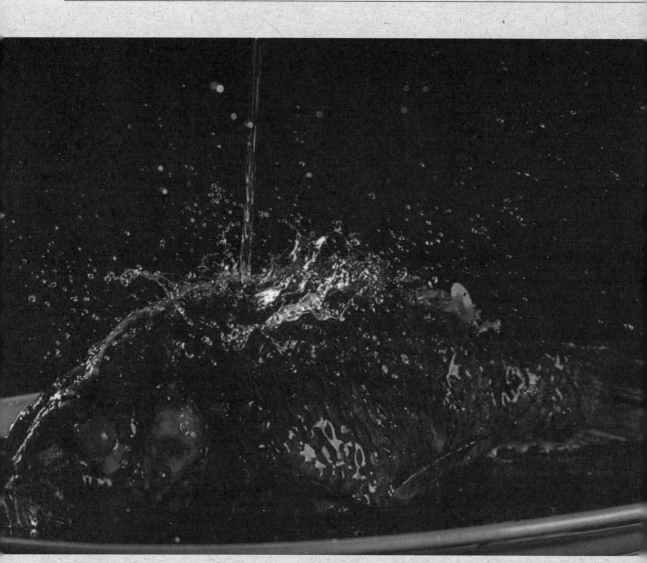

罾蹦鲤鱼

🥟 原料

主料：活鲤鱼 1 条（800 克）。

调料：油 2 000 克（实耗 100 克），葱姜丝、蒜片共 5 克，料酒 20 克，醋 80 克，白糖 80 克，盐 3 克，水 100 克，湿淀粉适量，花椒油 20 克。

🍲 制作过程

a. 将活鱼宰杀洗净，不去鳞、鳍，只去鳃和内脏，将鱼腹内的黑衣洗掉。

b. 将鱼腹内贴着大梁骨两侧各顺划一刀把各肋骨割断，大梁骨两头断开，使鱼外侧保持完整。

c. 锅中放入油烧至七成热时，将湿淀粉抹在鱼身上放入锅中炸制，待鱼腹打开后改为小火使鱼炸透，再移大火冲炸即可捞出装盘，随即淋上糖醋汁即可食用。

d. 当鱼小火炸时，另起一锅打底油烧热后放入葱姜丝、蒜片爆香，烹入料酒、醋，加入水，放入白糖、盐，烧开，挂芡打明油，淋入花椒油，即可浇在鱼身上。

⭐ 特点

鳞骨酥脆，肉质鲜嫩，大酸大甜。

此菜是天津一道传统名菜，用鲤鱼烧制的名菜很多，但能把鲤鱼做到极品，俗称"做活了"就非同一般了，津菜中古董级的"罾蹦鲤鱼"正是如此。

天津人俗称鲤鱼为"拐子"，按重量大小又叫蹦拐、顺拐、花拐。顺拐是罾蹦鲤鱼的首选，罾蹦鲤鱼是以带鳞活鲤鱼炸熘而成。因其成菜后鱼形如同在罾网中挣扎蹦跃，故名叫罾蹦鲤鱼。该菜品的视觉、嗅觉、味觉俱佳，格外增添食趣，用筷子轻轻一夹，可感受到鱼肉轻微的抵抗力。鱼鳞、鱼皮和鱼肉同时在口中发出清脆的声响，就连鱼骨都很酥脆，但依然保持了鱼肉的鲜美，酸中带甜的口味使人食欲大开，如此脆嫩香美，堪称一绝。天津名士陆辛农在《食事杂诗辑》中赞誉："北箔南罟百世渔，东西淀说海神居，名传第一白洋鲤，烹做津沽罾蹦鱼。"

津味五柳东星斑

🥚 原料

主料：东星斑鱼 1 条。

辅料：冬菇 30 克，玉兰片 20 克。

调料：大料 2 瓣，花椒 10 粒，大油 40 克，料酒 30 克，酱油 20 克，盐 10 克，白糖 50 克，醋 50 克，高汤 1 500 克，花椒油、湿淀粉、葱姜适量，干辣椒 5 克。

🍲 制作过程

a. 将东星斑鱼宰杀洗净，两面打斜刀，将冬菇、玉兰片、干辣椒分别切成丝备用。

b. 锅中放入适量大油，炸大料和煸香葱段、姜片，烹入料酒打汤加盐，开锅后放入鱼，盖上锅盖小火 5 分钟，鱼熟捞出装盘滗去汤备用。

c. 锅中放入适量大油炸干辣椒丝和葱姜丝，烹入料酒、醋、白糖打汤加入酱油调味，下入冬菇丝和玉兰片丝，见开后挂芡淋入花椒油，将汁浇到鱼上即可食用。

⭐ 特点

鱼嫩味鲜，酸甜咸辣。

此菜源自津菜"五柳鲤鱼"，食材改进后，选用东星斑鱼制作，味道更加鲜美，使菜品得到了升华。

脱骨瓤馅河鲈鱼

原料

主料：鲜活河鲈鱼 1 条。

辅料：虾仁 50 克，猪肉末 50 克，口蘑 10 克，火腿 10 克，冬笋 10 克。

调料：鸡蛋 1 个，大料 2 瓣，葱姜丝、葱姜末、蒜片、湿淀粉适量，料酒 20 克，醋 10 克，酱油适量，盐 6 克，白糖 10 克，面粉 50 克，高汤 500 克，香油 3 克，花椒油 10 克，大油 10 克，烹调油 1 000 克（实耗 50 克）。

制作过程

a. 将鱼去鳞、去腮不要开膛洗净，在尾部横切一口把尾刺颠断，用剪刀从腮部将鱼的上膛骨剪断，用一字型条刀或竹刀从胫部大刺骨处伸进贴骨往下划，划到尾部刀口处拔出刀，再用刀从鱼的另一面继续划到尾部，用刀将鱼的腹部软刺上方进行划脱至底部，再划另一侧，两面均划脱后用手捏住膛骨大刺往外一抻，连骨带内脏一起取出，用水将鱼体内冲洗干净备用。

b. 将辅料分别切成小粒与肉末加入调味后上馅摔上劲，再将馅料瓤入鱼腹中，然后再用淀粉和蛋液从腮部封住馅料，把鱼沾上均匀的面粉备用。

c. 锅中放入油烧至七成热时放入鱼炸至金黄色捞出，锅中放入大油煸香大料，葱姜蒜爆香，烹料酒、醋、白糖加入高汤和酱油，进行调味，开锅后放入鱼，见开烧一会儿改小火慢㸆，盖锅盖 20 分钟即可收汁，淋上花椒油大翻勺回火再㸆 1 分钟即可装盘食用。

特点

河、海两鲜，口味浓郁，老少皆宜。

此菜源自“脱骨鲤鱼”，是天津一道传统名菜，在脱骨环节上大胆创新使此鱼在整体上没有刀口，造型完美，鱼嫩馅鲜，无刺无骨。

烩滑鲽鱼条

原料

主料：鲽鱼肉 400 克。

辅料：木耳 15 克，黄瓜 20 克，青韭白 15 克。

调料：鸡蛋 1 个，湿淀粉 100 克，面粉 15 克，盐 3 克，酱油 10 克，醋 15 克，料酒 15 克，香油 5 克，酱豆腐 5 克，高汤 300 克，烹调油 1 000 克（实耗 50 克），葱姜米各 2 克，蒜末 5 克。

制作过程

a. 将鱼肉切成 1 厘米见方的寸段条，将鸡蛋、面粉、淀粉、盐放入碗中拌匀。

b. 将木耳撕成小片，黄瓜切成长方片，韭菜切成寸段。

c. 锅中放入油烧至七成热时，将鱼条均匀地沾上薄糊放入锅中炸至金黄色捞出。锅中留底油下葱姜蒜爆香，烹料酒，加高汤，烧开后放入木耳、酱油、酱豆腐、醋，开锅后挂芡淋入香油，放入鱼条、韭菜段、黄瓜片、蒜末搅匀即可出锅装入汤盘。

特点

鱼鲜滑软，汤味浓香。

此菜源自天津独特的风味菜肴"烩滑鱼"，其味以咸酸为主，突出蒜香。利用酱豆腐提味使鱼更加鲜嫩醇香，彰显津菜独有的风味。

清蒸鳜鱼

🍳 原料

主料：鳜鱼 1 条。

辅料：冬笋 20 克，火腿 20 克，冬菇 15 克，板油 15 克。

调料：葱段、姜片适量，料酒 30 克，糖 5 克，盐 8 克，香油 10 克，大油 15 克，大料 2 瓣。

🍲 制作过程

a. 将鱼宰杀处理干净，背面打上十字刀，正面顺脊背划上一刀，刀口要深到中刺。

b. 将冬笋、冬菇、火腿分别切成片，板油切成小丁备用。

c. 锅中放入适量水烧至七成热时将鱼放入水中烫一下捞出（不要破坏鱼皮完整），将鱼放入金属容器中辅料、调料一同放入蒸熟，原汤放入锅中，将鱼放到鱼盘中去掉葱姜，将冬菇、冬笋、火腿均匀地摆在鱼身上，锅中鱼汤调味挂薄芡淋香油浇到鱼上即可。

⭐ 特点

清香鲜嫩，原汁原味。

此菜的制作过程中一定要将鱼放入水中烫一下，确保鱼的血水浸出和充分锁住鱼的蛋白质。

津沽玉带石斑鱼

⊜ 原料

主料：石斑鱼 1 条。

辅料：鸡蛋 3 个，芦笋 10 棵，香葱叶 10 根，油菜 6 棵，葱姜适量。

调料：盐 6 克，淀粉 20 克，料酒 10 克，白糖少许，大油 15 克，姜汁、湿淀粉适量，酱油 10 克，醋 30 克，香油 5 克，姜末 8 克。

🍲 制作过程

a. 将鱼宰杀洗净，取鱼头和鱼尾备用。

b. 将鱼中段去骨留两扇带皮的鱼肉进行改刀，用刀取鱼片一刀不断一刀断的夹刀片，共取 10 组夹刀片进行腌制上浆备用。

c. 将鸡蛋打入碗中加入适量水打匀，倒入鱼盘底部上锅蒸熟，将芦笋取尖部约 5 厘米和油菜放入沸水锅烫一下捞出过冷水备用。

d. 将鱼片带皮的一面朝外裹一根芦笋，用香葱叶在中间位置捆上，和鱼头、鱼尾一起上锅蒸熟摆入蒸好水蛋的鱼盘中，盘中间用油菜点缀一下。

e. 锅中放入适量水调味后挂薄芡淋入明油浇到鱼上，配上姜、醋、酱油调制的三合油即可食用。

⭐ 特点

造型美观，食用方便，咸鲜爽嫩。

此菜源自天津传统名菜"玉带鲤鱼"。此菜选用石斑鱼做原料，在食用时配上三合油，更加体现菜品的完美，彰显菜品的魅力。

蜜 汁 炸 烹 带 鱼 段

◉ **原料**

主料：带鱼 500 克。

调料：葱姜丝、蒜片各 5 克，烹调油 1 000 克（耗 50 克），料酒 15 克，醋 20 克，酱油 10 克，盐 5 克，白糖 20 克，麦芽糖 30 克，高汤适量，花椒油 10 克。

◉ **制作过程**

a. 将带鱼去头、尾、内脏洗净，两面切成直刀口，切成约 5 厘米长的段用调料腌制。

b. 锅中放入油烧至八成热时放入带鱼段炸至金黄色捞出，锅中留底油放葱姜蒜炝锅，烹料酒、醋打汤加入酱油、白糖、麦芽糖炒汁至浓稠，放入带鱼，淋入花椒油翻抖出锅装盘即可食用。

◉ **特点**

色泽亮丽，鱼肉鲜嫩，口味极佳。

此菜是一道天津传统名菜。

津味爆鱼虾

原料

主料：梭鱼肉 200 克，虾仁 200 克。

调料：蛋清 1 个，蒜米汁 50 克，盐 5 克，料酒 5 克，淡奶油 50 克，高汤 30 克，湿淀粉适量，大油 800 克（耗 30 克），花椒油 5 克，虾油 10 克。

制作过程

a. 将鱼肉切成 1 厘米见方的寸段和虾仁分别用蛋清上浆（薄蛋清糊）。

b. 锅中放入大油烧至五成热时将鱼丁和虾仁分别放入锅中划散，见浮起后捞出控油，原锅留底油放入蒜汁和淡奶油调味（盐、料酒等）挂芡，放入鱼丁和虾仁打明油翻炒出锅装盘配虾油即可食用。

特点

鱼丁鲜嫩，虾仁嘣脆，蒜香味浓。

此菜源自天津传统名菜"白蹦梭鱼丁"，增加了虾仁的食材，使菜品更加突出了津菜河、海两鲜的特点，使菜品的色泽、营养和口感充分展现出来。

官烧目鱼条

原料

主料：净目鱼肉 300 克。

辅料：南荠 50 克，黄瓜 30 克，木耳 30 克。

调料：鸡蛋 1 个，湿淀粉适量，盐 4 克，烹调油 1 000 克（耗 50 克），花椒油 15 克，料酒 20 克，醋 30 克，白糖 50 克，酱油 15 克，面粉 30 克，葱姜丝 5 克，蒜片 10 克。

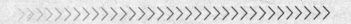

制作过程

a. 将目鱼切成 1.5 厘米见方约 5 厘米长的鱼条，南荠顶刀切片，黄瓜切成木渣片，木耳撕成小片，南荠和木耳用开水烫一下捞出备用。

b. 将鱼条放入碗中，打入鸡蛋，加盐、淀粉、面粉搅拌均匀放 5 克油备用。

c. 锅中放入油烧至六成热时将鱼放入锅中炸至金黄色捞出，锅中留底油放葱姜丝、蒜片爆香，烹料酒、醋加水放酱油、白糖、盐挂芡，淋花椒油，将鱼和辅料放入锅中翻锅均匀出锅装盘即可食用。

特点

甜酸适口，鱼肉嫩滑。

官烧目鱼是天津传统名菜之一，这一菜名为乾隆皇帝所赐。乾隆在位时曾六次南巡，途经天津。据史书记载："有司奏请建行宫，上不许。"因此多驻在天津城西水西庄（现芥园）或万寿宫（现北门东）。有一次乾隆来津驻万寿宫，御膳由聚庆成饭庄供奉。聚庆成是天津最早的津菜"八大成"饭庄之一，擅长烹制满汉全席，他们烹制的佳肴中，"烧目鱼条"色香味形俱佳，深为乾隆赏识。为此乾隆特地召见厨师，御赐黄马褂和五品顶戴花翎，并赐菜品为"官烧目鱼"。此后这一菜肴便广为流传，成为津菜的代表菜之一。

官烧目鱼所用的主料目鱼为渤海湾特产，学名半滑舌鳎鱼，津门俗称鳎目鱼，以夏季所产最佳。

菜品黄、白、绿色调和谐，酸甜咸口，汁抱主料，目鱼条外酥脆里细嫩，为津菜独有的传统佳肴。

煎蛋面托鱼

◉ **原料**

主料：鲜面鱼 200 克。

辅料：鸡蛋 4 个，韭菜头 50 克。

调料：盐 3 克，香油 5 克，净油 20 克，姜汁 30 克，湿淀粉适量。

制作过程

a. 将面鱼去头挤出内脏剪去鳍尾洗净，沥干水分。

b. 将鸡蛋打入碗中加入盐调味，韭菜头切成1厘米小段打散调匀后放入面鱼。

c. 平底锅放入适量底油烧至六成热，将面鱼蛋液倒入锅中摊成厚饼，用小火将两面煎成金黄色出锅改刀。

d. 将改好型的面鱼摆放在盘中，锅中放入适量水和姜汁调味挂薄芡淋入香油浇到面鱼上即可食用。

特点

咸鲜爽滑，松软清香。

面鱼在渤海沿岸均有出产，但以天津北塘所产最多最鲜美。海水消融的初春时节上市，到春夏之交为旺季。天津人最爱吃锅塌面鱼托，清末竹枝词道："玉钗忽讶落金波，细似银鱼味似鲨，三月中旬应减价，大家摊食面鱼托。"竹枝词中将面鱼比喻成玉钗，将鸡蛋液视为金波，生动描述了"卫嘴子"争食尝鲜的情景。

天津面鱼的美味曾博得过乾隆皇帝的赏识，在乾隆十六年（1751年）乾隆下江南时驻跸天津，有一天外出看海来到了大沽造船所。阳光普照让乾隆心旷神怡，正当此时却见一渔夫慌忙上岸，乾隆心中不解，好奇地问渔夫为何慌跑。

渔夫指着天空说要下雨了，并邀请乾隆到家中避雨。刚踏进草房，外面果真雷雨大作，瓢泼不停，好客的渔家烹调好面鱼款待微服私访的乾隆爷。面鱼白嫩，鲜香无比，乾隆从未尝过如此美味，不禁连连叫好。

雨过天晴，乾隆临别时脱下内衬的龙袍犒赏渔家，还御赐"海滨逸叟"匾文表示谢意。渔夫本姓郑，"龙袍郑"为乾隆做御膳的故事与津沽面鱼的美味很快名传天下。

软熘黄鱼扇

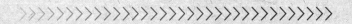

原料

主料：鲜黄花鱼1条。

调料：鸡蛋黄2个，淀粉20克，盐3克，姜汁3克，料酒5克，醋50克，白糖50克，嫩糖色3克，湿淀粉适量，花椒油5克，净油1 000克（耗40克）。

制作过程

a. 将黄花鱼去鳞、鳍、头、尾、内脏，洗净后用刀剔去脊刺、肋刺，坡刀斜切三角片，用姜汁和料酒腌制一下。

b. 鸡蛋黄放入碗中加适量淀粉搅拌均匀，不要太稠。

c. 锅中放入油烧至六成热时，用手将鱼肉那面沾上蛋黄糊下入油锅炸制，待鱼浮起时捞出沥油，用一圆盘将鱼扇皮朝上均匀地码好备用。

d. 锅中放入底油烧至六成热，下葱姜丝、蒜片爆香，烹入料酒、醋加水、嫩糖色和姜汁调味，放入鱼扇开锅后改小火略燜一会儿使之入味，调到大火挂芡淋花椒油，大翻勺溜入盘中即可食用。

特点

色泽金黄，鱼肉鲜嫩。

黄花鱼津门俗称"河口花鱼"，腹部鳞片金黄，肉质雪白，细嫩滑爽，无碎刺，过去是供奉朝廷的上品。故有《津门竹枝词》记其事："贡府头纲重价留，大沽三月置星邮，白花不似黄花好，鳃下分明莫误求。"黄花鱼上市不过半个月，即又随雷声而去。

干烧河鲈鱼

◎ 原料

主料：河鲈鱼 1 条。

辅料：雪里蕻 150 克，猪板油 30 克。

调料：净油 1 000 克（耗 40 克），大油 30 克，香油 20 克，料酒 20 克，醋 20 克，酱油 30 克，盐少许，白糖 40 克，大料 3 瓣，高汤适量，葱姜丝 30 克，蒜片 15 克。

▣ 制作过程

a.将鱼去鳞、鳃和内脏，在正面契五刀，反面契四刀，头部剁一刀便于入味。雪里蕻上部顶刀切碎不要叶，用开水去除咸味备用。猪板油去脂皮洗净切成小丁备用。

b.锅中放入净油烧至八成热时放入鱼炸至金黄色捞出控油，原锅放入大油把雪里蕻和板油丁一起煸炒、煸透出锅备用。

c.锅中放入适量大油炸大料瓣，炝葱姜丝、蒜片，烹料酒、醋打汤加酱油，将鱼、雪里蕻和板油丁下入开锅后加盐、糖调口味，用小火熥至汁浓时大火淋入香油将汁收净出锅装盘即可食用。

◉ 特点

甜咸无汁，鱼鲜肥润。

此菜是津菜中最传统的一种干烧烹调技法。

红烧海鲈鱼

🍳 原料

主料：海鲈鱼 1 条。

辅料：猪板油 30 克，蒜瓣 20 克。

调料：大料 3 瓣，葱姜丝 30 克，蒜片 15 克，大油 30 克，净油 1 000 克（耗 40 克），花椒油 30 克，料酒 15 克，醋 20 克，酱油 40 克，盐 4 克，白糖 30 克，高汤适量。

🍲 制作过程

a. 将海鲈鱼去鳞去鳃不要开膛，用刀在鱼肛门处划上一刀使肠尾处断开，再用两根筷子从鳃部伸到鱼腹中进行搅拌，往外提拉将鱼肠一起取出来，用水冲洗干净备用。

b. 将鱼的正面契上四个十字刀，反面契上三个十字刀，鱼头剁一刀。猪板油和蒜分别切成丁备用。

c. 锅中放入净油烧至八成热时将鱼下入炸至金黄色捞出，再把油丁和蒜丁一起下锅氽一下捞出备用。

d. 锅中放入大油炸大料瓣，葱姜蒜炝锅，烹料酒、醋打高汤加酱油、盐、白糖调味，将鱼和油丁、蒜丁下锅见开锅后调小火慢爆，十几分钟入味后调大火淋花椒油，收汁出锅装盘即可食用。

★ 特点

色泽枣红，咸甜适口。

此菜是津菜中比较传统的红烧烹调技法。

家 常 熬 鲫 鱼

原料

主料：鲫鱼 2 条（共计 750 克左右）。

调料：葱姜丝 30 克，蒜片 15 克，大料 3 瓣，花椒油 20 克，净油 1 000 克（耗 40 克），大油 30 克，料酒 15 克，醋 20 克，酱油 30 克，盐 4 克，面酱 20 克，白糖 2 克，酱豆腐、高汤、湿淀粉适量。

制作过程

a. 将鲫鱼去鳞、去鳃、去内脏洗净，正面契四刀，反面契三刀，头部剁一刀。

b. 锅中放入净油烧至八成热时下鱼炸至金黄色捞出备用。

c. 锅中放入大油炸大料，炝葱姜丝、蒜片，下面酱炒香烹料酒、醋，打汤加酱油、盐、白糖、酱豆腐调味放鱼见开锅调小火，用微火熥入味，大火烧开挂芡淋花椒油出锅装盘即可食用。

特点

口味咸香，鱼肉鲜美。

此菜是天津传统家常的一种烹调技法。

果汁菊花鱼

◎ **原料**

主料：草鱼 1 条（1.5 千克左右）。

辅料：油菜叶 3 片。

调料：净油 1 500 克（耗 100 克），柠檬 1 个，料酒 15 克，盐 5 克，淀粉 200 克，橙汁 75 克，果珍 50 克，白醋 30 克，白糖 100 克，姜汁、湿淀粉适量。

◎ **制作过程**

a. 将草鱼去鳞、去内脏、去头尾、去中刺骨、去肋刺，取两扇带皮鱼肉洗净。

b. 将鱼扇裁成约 5 厘米宽，坡刀片鱼至鱼皮处五刀断，在横切至鱼皮处出丝，两扇鱼共计取 10 朵鱼肉，将鱼放入冰水中挤点柠檬汁拔制。

c. 锅中放入净油烧至五成热时，将鱼取出用厨房用纸吸干水分，用容器将淀粉调成薄糊，糊中放入一点盐和姜汁，将鱼穗均匀地裹上薄糊下入油锅中炸制，掌握油温不要上色，炸脆后捞出装盘摆成一朵大菊花状备用。

d. 锅中放入适量清水，烧开后，放入橙汁、果珍、白醋、白糖、盐，见开锅挂薄芡，将热净油放入锅中炒制成油汁浇到鱼上，用三个烫好的油菜叶点缀一下即可完成。

◎ **特点**

鱼肉香脆，口味酸甜。

赛螃蟹

◉ 原料

主料：净海鲈鱼肉 300 克。

辅料：韭菜头 50 克，木耳 20 克，黄瓜 30 克。

调料：鸡蛋 4 个，鸡汤适量，净油 1 000 克（耗 30 克），大油 15 克，葱米 2 克，姜米 5 克，料酒 15 克，醋 40 克，酱油 10 克，盐 4 克，湿淀粉、花椒油适量。

◉ 制作过程

a. 将鱼肉切丁放入碗中，加入料酒、盐，再打入一个蛋清放进淀粉搅拌成薄糊状。韭菜切成寸段，木耳改成小片，黄瓜切成蚂蚱腿。

b. 锅中放入净油烧至四成热时将鱼丁下入滑散，浮起后捞出，将鸡蛋打入碗中打散放入鱼丁。

c. 锅中放入适量大油炝葱姜米，下入挂上鸡蛋液的鱼丁温火轻轻地炒制，放入辅料烹料酒、醋，打入鸡汤加酱油、盐调味，爆熟挂芡淋花椒油出锅装盘撒上姜米即可食用。

◉ 特点

色泽金黄，鲜嫩爽滑，味似螃蟹。

此菜是天津一道传统名菜，用鱼肉和鸡蛋的结合烹制出来的菜肴，鱼蛋软嫩爽滑、味鲜似蟹，不是螃蟹、胜似螃蟹，故而得名"赛螃蟹"。

辣烧鳝鱼段

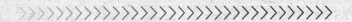

🥟 原料

主料：鳝鱼 500 克。

辅料：板油 50 克，冬笋 40 克，冬菇 20 克。

调料：大油 1 000 克（耗 40 克），红辣椒丝 10 克，料酒 50 克，酱油 20 克，盐 3 克，白糖 20 克，姜丝 5 克，蒜片 5 克，胡椒粉 2 克，香油、高汤适量。

🍲 制作过程

a.将鳝鱼宰杀洗净切成约 7 厘米长段，每段契上小密刀。板油、冬笋、冬菇切成小丁备用。

b.锅中放入大油烧至七成热时下入鳝鱼段炸至金黄色捞出，把板油丁、冬笋丁、冬菇丁放入油中炸一下捞出备用。

c.锅中放入适量底油炝姜丝、蒜片、红辣椒丝，烹料酒打汤加酱油、盐、白糖下入鳝鱼段和辅料调味，开锅后调小火慢爆，见汤汁浓稠时大火淋香油收汁出锅装盘即可食用。

⭐ 特点

口味咸辣，鱼肉鲜香。

金葱板栗烧海参

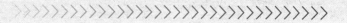

🥚 原料

主料：海参 400 克。

辅料：葱白 150 克，熟板栗 50 克。

调料：大油 500 克（耗 50 克），料酒 20 克，酱油 30 克，蚝油 5 克，盐 2 克，白糖 20 克，嫩糖色少许，姜汁、高汤、湿淀粉适量。

🍲 制作过程

a. 将海参改刀切成坡刀片，葱白切成约 5 厘米长的段。

b. 锅中放入水烧开后下入海参汆一下捞出。

c. 锅中放入大油把葱段下入慢火炸至金黄色捞出。

d. 锅中留底油烹料酒打汤加酱油，把海参、熟板栗、葱段放入，加蚝油、盐、白糖、姜汁、高汤、嫩糖色调味、调色，烧开入味挂芡淋大油出锅装盘即可食用。

⭐ 特点

葱味浓香，海参鲜美。

糖醋瓦块鱼

⬤ **原料**

主料：草鱼 1 条。

调料：鸡蛋 1 个，面粉 20 克，淀粉 80 克，料酒 20 克，醋 70 克，酱油 10 克，白糖 70 克，净油 1 000 克（耗 70 克），花椒油 20 克，葱姜丝 20 克，蒜片 10 克，盐 3 克。

⬤ **制作过程**

a. 将鱼去鳞、去鳃、去头尾洗净，一片两扇，每扇打密刀，最后坡刀切成大三角形的块。

b. 将鸡蛋打入碗中，放面粉、淀粉搅拌均匀备用。

c. 锅中放入净油烧至六成热时将鱼沾上糊下锅炸，小火炸透调大火炸，出锅控油。

d. 锅中留底油葱姜蒜炝锅，烹入料酒、醋打水加酱油、盐、白糖调味挂芡淋上花椒油，将鱼放入锅中翻匀出锅装盘即可食用。

⬤ **特点**

鱼肉酥脆，口味酸甜。

熘鱼片

🥟 原料

主料：黑鱼净肉 300 克。

调料：鸡蛋半个，净油 1 000 克（耗 40 克），淀粉 50 克，料酒 15 克，醋 50 克，酱油 10 克，盐 2 克，白糖 50 克，葱姜丝 10 克，蒜片 5 克，花椒油适量。

🍲 制作过程

a. 将鱼伏成云彩片，碗中打入鸡蛋加入淀粉、盐搅拌均匀备用。

b. 锅中放入净油烧至四成热时，将鱼片手捻下锅，鱼片浮起捞出控油。

c. 锅中留底油炝葱姜丝、蒜片，烹料酒、醋打水加酱油、盐、白糖调味，放入鱼片见开挂芡淋花椒油，大翻勺出锅装盘即可食用。

⭐ 特点

金黄润汁，咸鲜酸甜。

🥚 原料

主料：净海鲈鱼肉 200 克。

辅料：虾仁 10 克，黄瓜皮 10 克，冬菇 10 克，火腿 10 克。

调料：蛋清 2 个，淀粉 20 克，酱油少许，大油 20 克，料酒 15 克，白糖 5 克，盐 3 克，高汤 200 克，葱姜米 5 克，香油、姜汁适量。

🍲 制作过程

a. 将鱼肉放入打碎机，加入姜汁、香油、料酒、水适量，最后放蛋清和盐搅拌成鱼浆糊。

b. 将所有辅料切成小末放入鱼浆糊中拌匀备用。

c. 锅中放入清水烧开，将鱼浆糊制成所需要的形状放入开水中浸泡，一定要微火，待能漂浮起时捞出即成花腐。

d. 锅中放入适量底油，炝葱姜米烹料酒打汤加酱油，下入花腐然后加糖调味微火笃透挂芡，淋上大油翻勺出锅装盘即可食用。

⭐ 特点

花腐鲜嫩，口味清淡。

此菜是津菜中的一道传统菜肴。

蒸熏银鳕鱼

原料

主料：净银鳕鱼肉 150 克。

调料：葱姜 10 克，大料 1 瓣，湿淀粉 2 克，盐 2 克，料酒 5 克，大油 3 克，白糖 50 克，茶叶 50 克，碎米 20 克，香油 5 克。

制作过程

a. 将银鳕鱼裁成理想的方块，用盐、料酒腌制一下，再用湿淀粉抓匀。

b. 将鱼放入金属盘中，加入葱姜、大料淋上大油上蒸箱蒸熟。

c. 将大锅中放入茶叶、白糖、碎米摆上篦子，将鱼放入篦子上，盖严锅盖开中火，见锅内冒烟后关火闷 3～4 分钟，取出鱼抹匀香油装盘即可上桌食用。

特点

鱼肉鲜嫩，熏香回味。

传统椒麻鱼

◉ 原料

主料：刀鱼 500 克。

调料：净油 1 000 克（耗 50 克），盐 5 克，料酒 5 克，姜汁 5 克，面粉 20 克，醋 150 克，酱油 20 克，葱白 50 克，姜末 10 克，泡花椒 50 克，白糖 30 克，香油 10 克。

◉ 制作过程

a. 将刀鱼洗净去头尾保留中段，用盐、料酒、姜汁腌制一下沾上薄面粉备用。

b. 将泡花椒和葱白一起剁成碎细末，放入容器内加入醋、酱油、白糖、姜末、香油、少许盐调匀成为椒麻汁备用。

c. 锅中放入油烧至六成热时将鱼下锅炸制，炸透调大火炸至金黄色捞出，立即放入椒麻汁中浸泡一下捞出装盘即可食用。

◉ 特点

清香酥脆，回味无穷。

烩花鱼羹

◉ 原料

主料：净黄花鱼肉 70 克。

辅料：木耳 5 克，马蹄肉 5 克，韭菜头 5 克，水发粉丝 10 克，胡萝卜 5 克。

调料：蛋清 1 个，姜汁 5 克，盐 2 克，料酒 5 克，胡椒粉少许，高汤、湿淀粉适量，花椒油 2 克，大油 700 克（耗 10 克）。

◉ 制作过程

a. 将鱼肉切成长 1.5 厘米、宽 1 厘米的长丁，放入碗中，加盐、湿淀粉、蛋清上浆备用。

b. 将木耳、马蹄、胡萝卜切成小粒，上锅沸水烫一下捞出备用，粉丝切碎备用，韭菜头切成末备用。

c. 锅中放入大油烧至四成热时下入鱼丁滑散浮起后捞出备用。

d. 锅中放入适量高汤下入姜汁、盐、料酒、胡椒粉调味料，烧开后放入鱼丁、木耳、马蹄、胡萝卜、粉丝，撇去浮沫，挂芡后再把蛋清和韭菜末放入锅中搅匀淋入花椒油出锅装入容器中即可食用。

◉ 特点

鱼鲜滑嫩，汤艳味醇。

坚 果 粒 汁 脆 平 鱼

原料

主料：平鱼1条（约500克）。

辅料：松子仁10克，腰果10克，夏威夷果10克，核桃仁10克，果仁10克，火腿10克，马蹄10克，豌豆粒10克，冬菇10克。

调料：净油1 000克（耗40克），葱姜丝5克，蒜片3克，姜汁10克，料酒10克，醋5克，酱油15克，盐3克，白糖20克，高汤、湿淀粉适量，花椒油5克。

制作过程

a. 将平鱼去鳞、鳃和内脏洗净，两面契上密刀，用料酒、姜汁、盐腌制一会儿。

b. 将各种坚果过油炸熟后晾凉。

c. 将火腿、马蹄、冬菇切成小粒和豌豆一起放入锅中焯水捞出过凉。

d. 锅中放入净油烧至七成热时用湿淀粉抓匀平鱼下入锅中炸制，炸透后大火炸至金黄色酥脆捞出，将鱼放在砧板上改刀后装入鱼盘中备用。

e. 锅中放底油炝葱姜蒜，烹料酒、醋打高汤加酱油、盐、白糖调味放入辅料烧开，用湿淀粉勾芡淋入花椒油均匀地浇到鱼上即可食用。

特点

色泽鲜艳，果香鱼鲜。

此菜源自天津名菜"松籽平鱼"。

九转蟠龙鳝

原料

主料：活白鳝鱼 1 条。

辅料：香菜末 15 克。

调料：净油 1 000 克（耗 50 克），料酒 15 克，醋 50 克，酱油 20 克，高汤适量，盐 3 克，白糖 50 克，胡椒粉 3 克，丁香 2 粒，香油 5 克，葱姜丝 5 克，蒜片 3 克。

制作过程

a. 将鱼去鳞、去内脏洗净，用坡刀从上端往下片，不要片断，从头至尾每隔 0.5 厘米片一刀，将片好的鱼盘在漏勺里备用。

b. 锅中放入油烧至八成热时拿漏勺把鱼下锅炸透至金黄色捞出，沥干油备用。

c. 锅中放入适量底油放入丁香炸一下，再放入白糖炒糖色，烹入料酒、醋打高汤加酱油、盐、胡椒粉、葱姜丝、蒜片调味放入盘龙白鳝熥透，放入白糖收汁淋上香油，大翻勺出锅装盘撒上香菜末即可食用。

特点

造型美观，口味复合，鲜香醇厚。

此菜的烹调技法源自"九转大肠"。

鱼茸花配东星斑

原料

主料：东星斑鱼1条。

辅料：香菇2个，胡萝卜1块，黄瓜皮1片，油菜8棵，蛋清4个。

调料：姜汁50克，盐6克，湿淀粉50克，高汤100克，淡奶油15克，花椒油5克，料酒10克，葱丝、姜片适量。

制作过程

a. 将东星斑鱼宰杀洗净，去掉头、尾，用料酒、葱、姜腌一下，放入蒸锅蒸熟备用。

b. 将鱼身取肉放入打碎机，加入盐、姜汁、蛋清1个、湿淀粉适量，进行制茸。

c. 将香菇、胡萝卜、黄瓜皮分别切成细丝放入鱼茸中搅拌均匀。

d. 取蛋清3个，加入盐、湿淀粉调匀，放入锅中炒熟至芙蓉状出锅，平铺鱼盘中备用。

e. 锅中放入清水烧开，把油菜放入锅中烫一下捞出备用，再把鱼茸制成8个小丸子，放入水中烫熟，待丸子漂浮起来大火烧开即可出锅装盘，放在芙蓉上，摆好头尾和油菜备用。

f. 锅中放入高汤调味，加入淡奶油用湿淀粉勾芡淋入花椒油，浇到鱼上即可。

特点

色彩艳丽，入口爽滑。

滑 炒 龙 凤 丝

原料

主料：净鱼肉 200 克，鸡胸肉 200 克。

辅料：韭菜头 100 克。

调料：净油 1 000 克（耗 30 克），蛋清 2 个，淀粉 50 克，料酒 5 克，姜汁 5 克，盐 3 克，高汤、湿淀粉适量，花椒油 3 克，葱姜米 3 克。

制作过程

a.将鱼和鸡胸肉分别切成丝，用盐码底味，加入姜汁、淀粉、蛋清上浆备用。韭菜头切成寸段备用。

b.锅中放入净油烧至三四成热时将鱼丝和鸡丝分别放入滑散捞出。

c.锅中放入底油炝葱姜米，烹入料酒打汤放入主料、辅料，然后加盐调味，湿淀粉勾芡淋花椒油翻匀出锅装盘即可食用。

特点

清香爽滑，咸鲜适口。

滑 炒 鲜 果 明 虾 球

🫐 原料

主料：明虾肉 300 克。

辅料：西瓜球 30 克，哈密瓜球 30 克，猕猴桃球 30 克。

调料：净油 1 000 克（耗 20 克），盐 3 克，淀粉 20 克，姜汁 2 克，蛋清 1 个，蒜汁 10 克，高汤适量，淡奶油 20 克，白糖少许，湿淀粉适量，花椒油 3 克。

🍲 制作过程

a. 将明虾肉在背部划上一刀去掉沙线洗净，用厨房用纸吸干水分，放入碗中用盐码入底味，加入姜汁、淀粉、蛋清搅拌均匀备用。

b. 锅中放入净油烧至五成热时将虾肉逐个下入，滑熟捞出备用。

c. 净锅放入高汤、蒜汁、淡奶油、盐、糖调味，湿淀粉勾芡放入虾球和鲜果翻匀淋上花椒油即可出锅装盘食用。

⭐ 特点

菜肴绚丽，虾肉弹滑，蒜香奶味。

灌 汤 渤 海 鲜 虾 球

🍲 原料

主料：明虾肉 200 克。

辅料：面包片 8 片。

调料：净油 1 000 克（耗 50 克），盐 3 克，姜汁 50 克，蛋清 1 个，湿淀粉适量，香油 5 克，高汤 50 克。

🍳 制作过程

a. 将高汤冷冻后制成冻状，改刀切成小方块备用。

b. 将虾肉放在砧板上用刀拍成虾泥，放入容器中加入盐、香油调味，然后放入蛋清、姜汁、湿淀粉搅拌上劲制成虾胶备用。

c. 将面包片切成小粒放入容器中，把虾胶分成若干份团成球状，把虾球放在手上压扁再放上高汤冻块，包裹好放在面包粒盘中滚匀。

d. 锅中放入油烧至五成热时放入虾球，小火炸熟，开大火冲一下出锅装盘即可食用。

✪ 特点

造型独特，口味咸鲜，虾肉弹滑。

晚 香 玉 炒 虾 片

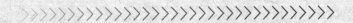

🥚 原料

主料：明虾肉 300 克。

辅料：晚香玉 100 克。

调料：净油 1 000 克（耗 30 克），盐 3 克，料酒 3 克，姜汁 5 克，高汤 5 克，蛋清少许，淀粉适量，花椒油 5 克。

🍲 制作过程

a. 将明虾肉用刀切成片，放入容器中加入盐、淀粉、蛋液入味、上浆备用。

b. 锅中放入净油烧至五成热时倒入虾片滑散，再放入晚香玉冲油一起出锅控油，再放入锅中烹料酒，加盐调味，加入姜汁、高汤迅速翻炒打花椒油出锅装盘即可食用。

🏵 特点

素雅提味，滑爽清鲜，幽香四溢。

碧绿祥龙关东参

原料

主料：龙虾仔 1 只，关东参 1 个。

辅料：西兰花 1 棵，小油菜 500 克。

调料：净油 1 000 克（耗 20 克），料酒 10 克，酱油 5 克，盐 3 克，淀粉适量，蛋清少许，葱丝姜片，姜汁 3 克，高汤 100 克，葱油 3 克，花椒油 3 克，湿淀粉适量。

制作过程

a. 将西兰花切成小朵，油菜取小棵洗净，放入锅中焯水捞出过冷水摆在盘中备用。

b. 将龙虾仔宰杀取肉，虾肉上浆备用，虾头和虾身放入蒸锅蒸熟摆在盘中。

c. 锅中放入适量水烧开后下虾肉沸水烫熟捞出，锅中放净油烧至五成热时下虾肉冲油控出，锅中放入高汤、姜汁调味挂芡再放入虾肉滚匀淋上花椒油出锅装盘，摆放在西兰花上即可。

d. 锅中放入适量底油，葱姜炝锅烹料酒，加入酱油出香味打汤放入关东参烧开调味，关东参入味后挂芡淋入葱油出锅装在油菜上即可食用。

特点

大气磅礴，虾肉清爽，海参回味。

此菜是笔者的一道金牌菜肴。

香榭虾饼

◎ 原料

主料：净虾肉 300 克。

辅料：马蹄肉 100 克。

调料：大油 50 克，盐 3 克，料酒 20 克，醋 10 克，高汤少许，蛋清 2 个，淀粉适量，香油 5 克，葱姜丝 5 克，蒜片 3 克。

◉ 制作过程

a. 将虾仁用刀拍烂成泥放入碗中，加入盐、蛋清、淀粉搅拌上劲。再把马蹄肉拍酥切碎放入虾泥中淋上香油搅拌均匀备用。

b. 把虾泥馅挤成 16 个丸子压成圆饼形，用铲子逐个下入放有大油的煎锅中，用微火煎熟至两面金黄色出锅备用。

c. 锅中放入少许大油炝葱姜丝、蒜片，把虾饼下锅烹料酒、醋打高汤调味翻匀出锅即可食用。

◎ 特点

脆嫩爽口，咸鲜异香。

此菜源自津菜的传统名菜"煎烹虾饼"。

酸 沙 紫 蟹

原料

主料：紫蟹9个。

调料：葱绿丝5克，姜丝5克，干辣椒丝3克，盐2克，白糖50克，料酒20克，醋50克，湿淀粉适量，姜汁10克，高汤少许，花椒油5克，香油10克。

制作过程

a. 将紫蟹用温水呛死洗净，揭开蟹盖去蟹腿、肺和脐盖，将蟹身切两块，蟹盖留下蟹黄其余部分去掉，裁成正方形。

b. 将蟹身、蟹盖放在蒸盘中，淋上料酒、姜汁用旺火蒸5分钟出屉，将蟹身、蟹盖在盘中一块压一块地摆成正方形备用。

c. 锅中放入香油烧至五成热时下入姜丝、干辣椒丝、葱丝煸香，烹料酒、醋打汤调味，湿淀粉勾薄芡淋入花椒油，均匀地浇到蟹上即可食用。

特点

色泽金黄，酸甜咸辣，鲜嫩清香。

紫蟹为天津特产，与铁雀、银鱼、韭黄并称为津门冬令"四珍"。津门紫蟹与外府河蟹不同，为春夏季孵化的小蟹。生长在注淀的蒲草、芦苇丛中包括津南小站、葛沽及宁河、七里海等地，秋后长至银元大小。它全身呈青褐色，故名紫蟹。紫蟹皮薄而酥，肉嫩而细，代有膏黄，鲜美无比，故有"食过紫蟹，百菜无味"的说法。清朝词人樊彬有"津门好，生计异芳薪，两岸寒沙揸蟹池……"的词句。

紫蟹制作的菜肴"酸沙紫蟹"在烹调技法、造型、口味上都别开生面，更具津菜特色。

百花蟹盒

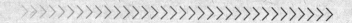

◎ **原料**

主料：大闸蟹 1 只（约 200 克）。

辅料：蛋清 2 个。

调料：淀粉、面粉适量，香油 5 克，盐 2 克，胡椒粉少许，姜末 5 克，醋 20 克，酱油 5 克。

◎ **制作过程**

a. 将大闸蟹蒸熟后取蟹肉，把蟹壳修理整齐洗净，用厨房用纸吸干水分备用。

b. 锅中放入香油下入姜末煸香，放入蟹肉加入调味，炒香出锅装入蟹壳内备用。

c. 用蛋清打成蛋泡加入适量的淀粉和面粉搅拌均匀成蛋泡糊，把蛋泡糊均匀地涂在蟹壳上封住蟹肉，放入焗炉上烤至表面微黄装盘，配上姜末调制的三合油即可食用。

◎ **特点**

造型美观，食用方便，口味香浓。

津门麻花鱼

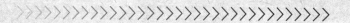

◎ **原料**

主料：黑鱼 1 条（约 2 000 克）。

辅料：白芝麻 500 克（耗 100 克），黑芝麻 500 克（耗 50 克），面包糠 500 克（耗 50 克），青红丝 20 克，冰糖 6 块。

调料：冰水 1 000 克，柠檬半个，鸡蛋 1 个，料酒 5 克，姜汁 5 克，盐 2 克，淀粉适量，净油 2 000 克（耗 80 克），椒盐 15 克，番茄沙司 20 克。

◎ **制作过程**

a. 将黑鱼宰杀、去头尾、剔骨刺、去皮取净肉洗净，放入冰水加点柠檬汁拔出血水和鱼腥味。

b. 将鱼肉捞出改刀切成 1 厘米见方 100 厘米长的条，用料酒、姜汁、盐入味，再用淀粉和蛋液上浆，把浆好的鱼条分别蘸上白芝麻、黑芝麻和面包糠，将各种鱼条交错摆好拧成麻花状。

c. 将制作好的麻花鱼放入六成热的油锅中炸透，调旺火炸脆即可出锅装盘，把青红丝和冰糖撒在麻花鱼上，配上椒盐和番茄沙司上桌即可食用。

◎ **特点**

造型独特，酥脆爽口，鱼鲜味美。

此菜的创意是根据天津三绝之一桂发祥麻花而研制的，给人以看似麻花实则鱼肉而做，给食客以食欲的诱惑，味蕾的享受，难忘的体验。

清蒸海蟹

◉ **原料**

主料：海蟹 2 只（约 600 克）。

调料：酱油 15 克，料酒 10 克，高汤少许，香油 5 克，葱丝 3 克，姜丝 5 克。

◉ **制作过程**

a. 将海蟹揭开蟹盖，去掉食包、蟹脐、蟹肺，剁去爪尖，每只蟹切成六块，蟹盖收拾干净备用。

b. 将海蟹摆到圆盘中蟹腿部位朝里面，将酱油、料酒、香油、高汤调味品放入碗中，然后加入葱姜丝调匀浇在海蟹上，海蟹盖放在盘子中间进行蒸制，出锅后即可上桌食用。

◉ **特点**

蟹肉嫩滑，清淡味鲜。

此菜是津菜传统的烹调技法。

海蟹鲜中鲜

原料

主料：海蟹 1 只（300 克），虾仁 100 克，海参 100 克，鱿鱼 50 克，扇贝肉 50 克，马蹄 50 克，北极贝 50 克。

辅料：鸡蛋 4 个，香菜 30 克，南瓜茸 100 克。

调料：鸡汤 200 克，蚝油 5 克，盐 2 克，生抽 5 克，白糖 5 克，姜汁 30 克，湿淀粉适量，香油 5 克。

制作过程

a. 将鸡蛋打入装菜的汤盘里打散调味，放入蒸箱内蒸熟备用。

b. 将海蟹蒸熟后用刀在中间一切两块，再把每块的盖揭开去掉蟹脐、蟹肺和食包，将每块蟹再切两刀形成三小块，然后把蟹复原扣上蟹盖，最后把两块带壳的蟹爪朝上立着摆好，放入蒸好水蛋的汤盘中间备用。

c. 将虾仁去虾线洗净，海参洗净切成云彩片，鱿鱼打成花刀形成鱿鱼卷，扇贝处理干净，北极贝用刀片成两片洗净，马蹄顶刀切成片，把以上食材分别入沸水捞出控水备用。

d. 将鸡汤倒入锅中烧开后加入调味料，放入辅料烧开入味捞出控干，把所有辅料均匀地摆在海蟹的周围。

e. 最后将鸡汤汁加入南瓜茸调好色挂薄芡淋上香油，把汁均匀地浇在盘中的食材上，用香菜点缀一下即可食用。

特点

造型别致，鲜香爽口，汤味浓郁。

蜇头扒三丝

🥟 原料

主料：蜇头 500 克，海参 200 克，玉兰片 100 克，熟肉 150 克。

辅料：香菜 30 克。

调料：大油 50 克，料酒 5 克，酱油 30 克，盐 3 克，白糖 8 克，姜汁 10 克，高汤、湿淀粉适量，葱米 5 克，香油 5 克。

🍲 制作过程

a. 将海参、玉兰片、熟肉分别切成丝，将香菜洗净切成小段备用。

b. 锅中放入适量水烧开后，放入海参丝和玉兰片丝，捞出控干水分备用。

c. 锅中放入大油炝葱米，烹料酒打汤加入酱油调味，将锅中的汤汁倒出一半放入蜇头的碗里，再把海参丝、玉兰片丝和熟肉丝一起放入锅中烧制，爆透入味挂芡出锅装入汤盘内。

d. 另将蜇头和汤汁一起倒入锅中烧制，开锅后调小火爆入味，大火挂芡淋香油大翻勺出锅倒入装三丝的汤盘内，另带香菜碟即可上桌食用。

⭐ 特点

蜇头软烂，三丝鲜香，味道醇厚。

渤海对虾报三春

🥢 原料

主料：渤海对虾 8 只。

辅料：白芝麻 150 克，油菜叶 200 克，粉丝 1 把。

调料：净油 1000 克（耗 50 克），葱姜丝 3 克，蒜片 2 克，料酒 5 克，醋 10 克，盐 3 克，白糖 10 克，花椒油 5 克，姜汁 3 克，蛋清 2 个，高汤、淀粉适量，卡夫奇妙 100 克，炼乳 20 克，绿芥末膏 3 克，柠檬半个，苹果汁 40 克。

制作过程

a.将对虾剪去虾须、虾枪，去掉虾包和虾线冲洗干净，用刀在虾头下面一节肉之处切一刀，在虾尾上面两节之处切一刀，形成虾头部位、虾身部位和虾尾部位。

b.将油菜切成细丝，放入油锅中炸制成菜松，把粉丝放入锅中炸蓬松捞出沥干油分摆在盘子一侧。

c.锅中放入适量底油烧热后放入虾头煎熟至出油，炝葱姜丝、蒜片，烹入料酒、醋打汤调味，燵透大火收汁淋上花椒油出锅，摆到盘子粉丝上端。

d.将虾身肉入底味上薄浆，再把虾肉蘸上蛋清放入淀粉滚匀，放入锅中炸透大火冲一下捞出，将锅洗净后放入苹果汁，再放入用卡夫奇妙、炼乳、绿芥末膏和柠檬汁调制的沙拉芥末酱，小火慢炒待酱黏稠时放入虾肉翻滚均匀即可出锅摆在虾头后面。

e.用刀将虾尾部的肉片开洗净，将虾入底味盐、姜汁后上浆，均匀地沾上芝麻形成虾排风干一下，锅中放入净油烧至五成热时下入虾排炸熟，炸脆后出锅摆放在虾球后面即可食用。

特点

造型别致，肉质脆爽，味道醇厚。

"渤海对虾报三春"，渤海湾对虾每年秋末初冬时节，便游到黄海南部深海区过冬，来年立春北上游到渤海湾，故此也叫"报春虾"，三春是指春季分为"孟春、仲春、季春"，由此得名"渤海对虾报三春"。

芙蓉海螺片

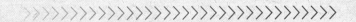

⊜ **原料**

主料：海螺肉 200 克，蛋清 4 个。

调料：大油 1 000 克（耗 40 克），料酒 10 克，姜汁 10 克，盐 3 克，葱米 2 克，高汤、湿淀粉适量。

🍲 **制作过程**

a. 将海螺肉切片处理好洗净，把海螺肉放入碗中用湿淀粉抓均匀，锅中放入热水小火将螺片放入水中烫一下捞出备用。

b. 把蛋清、湿淀粉、姜汁、盐一起放入碗中搅匀，热锅中放入大油烧至四成热时倒入蛋清，用手勺轻轻推动待成芙蓉片浮起时捞出控油，锅中放入适量温水将芙蓉片下锅汆一下滗去浮油备用。

c. 锅中放入适量底油炝葱米，放入海螺片和芙蓉片烹料酒、姜汁打汤调味，挂芡、翻匀出锅装盘即可食用。

⭐ **特点**

净洁靓丽，爽滑脆嫩，口味咸鲜。

此菜烹调技法源自天津的传统名菜"芙蓉虾仁"。

津门荤素肉

◉ 原料

主料：带皮五花肉 300 克，生面筋 200 克。

辅料：油菜 8 棵。

调料：净油 1 000 克（耗 15 克），料酒 15 克，酱油 20 克，酱豆腐 20 克，大料 2 瓣，姜 10 克，盐 2 克，白糖 3 克，高汤、湿淀粉适量，香油 5 克，嫩糖色少许。

🍲 制作过程

a. 将生面筋放入蒸箱蒸熟，取出切 2.5 厘米宽、10 厘米长、0.3 厘米厚的长方片备用。

b. 将大料用刀拍碎和姜一起剁成"姜料"。

c. 将五花肉去毛洗净放入锅中煮至五成熟捞出，把捞出的五花肉抹上糖色，锅中放入油烧至七成热时，下入五花肉炸至肉皮起小泡捞出，再把五花肉放入酱锅中酱制入味后捞出晾凉，凉透后切成与面筋大小一样的长方片。

d. 把姜料放入碗中，再把一片肉、一片面筋整齐地摆在碗内，然后把料酒、酱豆腐、酱油、高汤、盐、白糖放入容器内调匀浇到荤素肉的碗里，上蒸箱蒸透至出油即可。

e. 将蒸好的合碗扣到汤盘中，把汤滗出放入锅中添适量的高汤调味、调色，挂芡淋香油浇在盘中，用飞过水的油菜摆放周围即可食用。

⭐ 特点

肉质软烂，面筋柔韧，味道醇厚。

此菜是一道传统的天津名菜。

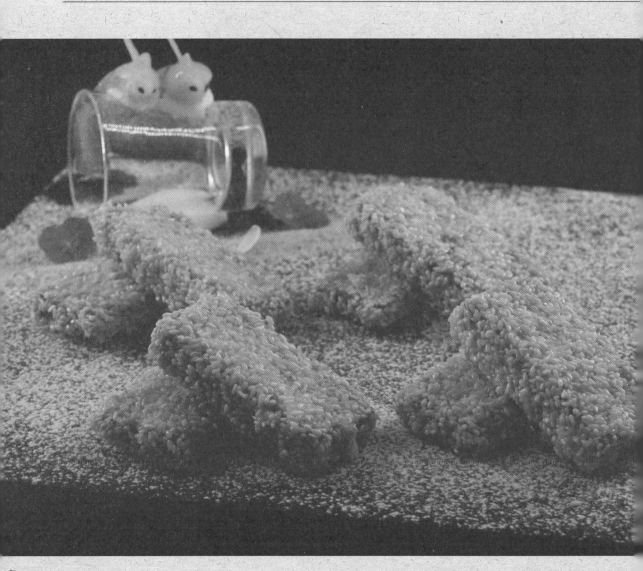

锅烧芝麻肘子

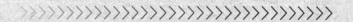

🍥 原料

主料：猪肘子 1 个。

辅料：芝麻 100 克。

调料：净油 1 000 克（耗 30 克），大料 2 朵，桂皮 5 克，料酒 20 克，酱油 50 克，盐 10 克，白糖 30 克，葱段姜片 50 克，淀粉 50 克，鸡蛋 2 个，椒盐 5 克。

🍲 制作过程

a. 将猪肘子去毛洗净后放入锅中煮开打沫，煮至五成熟时捞出沥干水分，再把肘子放入净水锅中加入大料、桂皮、料酒、酱油、盐、白糖、葱姜炖制，炖到肘子能够脱骨时关火焖一会儿入味，把肘子脱骨取肉，取一容器将肘子皮码放在底下，把肉码到肉皮上冷却压实。

b. 将压实的肘子切成长方片，把肘子片沾上淀粉、蛋液、芝麻风干一会儿。

c. 锅中放入净油烧至五成热时下入芝麻肘子炸制，待芝麻肘子炸脆时捞出装盘即可食用。

🎖 特点

造型美观，酥香可口，口味醇厚。

腐乳汁烧方肉

◎ **原料**

主料：五花方肉 1 块。

辅料：白米饭 500 克。

调料：料酒 50 克，南乳汁 100 克，大料 1 朵，酱油 20 克，冰糖 50 克，盐 5 克，葱姜 50 克，香油 3 克。

◎ **制作过程**

a. 将五花方肉处理干净，放入水锅中煮透至五成熟时捞出，把方肉修剪整齐，肉皮朝上用刀均匀地横竖切两刀，不要切断形成四块小方肉。

b. 锅中放入适量水烧开后加入料酒、南乳汁、大料、酱油、冰糖、盐和葱姜，将方肉皮朝下放入锅中炖至八成熟时关火入味。

c. 将方肉皮朝上摆放在汤盘中，锅中倒入炖肉挂薄芡，打香油淋在方肉上，将白米饭放在方肉的周围即可食用。

◎ **特点**

色泽红润，乳香软糯，甜咸适中。

海味坛子肉

◉ 原料

主料：猪前肘 1 个。

辅料：虾仁 50 克，海参 50 克，鱿鱼 50 克，口蘑 50 克，香菇 50 克，玉兰片 50 克。

调料：净油 1 000 克（耗 10 克），嫩糖色 5 克，料酒 100 克，酱油 50 克，葱段姜片 100 克，大料 1 朵，桂皮 5 克，盐 15 克，白糖 50 克，蚝油 5 克，大油 1 000 克（耗 10 克），胡椒粉少许，葱姜米 5 克，高汤、湿淀粉适量。

◉ 制作过程

a. 将猪前肘去毛处理干净，放入锅中煮至四成熟时捞出抹上嫩糖色。

b. 将猪肘放入油锅中炸至金黄色捞出，另起锅放适量水烧开后加入嫩糖色、料酒、酱油、大料、桂皮、盐、白糖、葱段姜片，放入猪肘炖制，炖熟后捞出脱去骨，将猪肘肉放入汤盘中间备用。

c. 将虾仁去虾线洗净，海参去沙洗净切成片，将鱿鱼打上花刀，将口蘑、香菇、玉兰片切成片备用。

d. 锅中放入适量水烧开后下入辅料稍煮捞出沥干水分，取净锅，锅中放入大油烧至七成热时，下入辅料冲油捞出控油。

e. 锅中留底油炝葱姜米，下入辅料翻炒烹料酒打汤加入调味料，提一点胡椒粉、蚝油，挂芡淋上香油浇到肘子肉上即可食用。

◉ 特点

肘子香糯，海鲜味浓，回味无穷。

四禧鸿运丸

原料

主料：去皮肥瘦猪肉 500 克。

辅料：虾仁 50 克，海参 50 克，火腿肠 50 克，马蹄 50 克，油菜 4 棵，枸杞 4 个。

调料：料酒 10 克，酱油 40 克，香油 20 克，盐 5 克，葱姜末 10 克，葱段姜片 20 克，白糖 10 克，鸡蛋 1 个，湿淀粉适量，大料 3 瓣，净油 1 000 克（耗 20 克）。

制作过程

a.将猪瘦肉剁碎、肥肉切成小粒放入容器里，将虾仁、海参洗净和火腿肠分别切成小粒，将马蹄用刀拍碎备用。

b.将油菜洗净后在菜头上打上十字刀，放入开水锅中烫一下捞出备用。

c.将肉馅放入料酒、酱油、香油、盐，打入鸡蛋，放湿淀粉搅拌均匀直至上劲，再放入葱姜末、香油、虾仁、海参、火腿、马蹄一起搅匀。

d.将肉馅团成 4 个大丸子，锅中放入净油烧至七成热时下丸子，炸至金黄色捞出，锅中留底油放大料、葱段姜片炸香，烹料酒打汤加酱油烧开调味放入丸子，开锅后调到小火慢炖，待丸子熟后浮起时捞出装盘，另起锅用一点丸子汤烧开后调味、调色，用湿淀粉勾芡淋入香油浇到丸子上，再用顶上枸杞的油菜点缀即可食用。

特点

嫩滑不腻，清香适口，回味无穷。

天津传统名菜"四喜鸿运丸"是天津菜宴席中的顶梁柱之一，津菜中丸子的种类很多，只有"四喜丸子"是天津人在重大节庆日中必点菜肴，代表"福、禄、寿、喜"，制作方法十分讲究，俗中透雅，加之"喜"气四溢，令食客欣喜不禁，一饱口福。

椒 麻 里 脊

原料

主料：猪里脊肉 300 克。

辅料：鲜香菇 150 克。

调料：净油 1 000 克（耗 50 克），葱姜丝蒜片 10 克，姜汁 5 克，鸡蛋 1 个，淀粉适量，料酒 10 克，醋 10 克，嫩糖色 5 克，盐 2 克，白糖 10 克，高汤、湿淀粉适量，麦芽糖 15 克，椒麻料 15 克，香油 3 克。

制作过程

a. 将猪里脊肉切成约 3 厘米宽、1 厘米厚的片，用刀在肉片的两面上展上花刀，再顶刀切成 1 厘米见方的条，用盐、姜汁、嫩糖色腌制一下，进行上浆。将鲜香菇切成与肉同样的条备用。

b. 锅中放入净油烧至五成热时下入里脊条滑散、滑透捞出，再把香菇条下锅炸至表面金黄色，把炸好的肉冲炸一下，一起捞出沥干油分备用。

c. 锅中留底油煸椒麻料，煸出香味炝葱姜丝蒜片，烹料酒和醋打汤加盐、白糖后，把食材放入锅中烧制，挂薄芡加入麦芽糖淋香油即可出锅装盘食用。

特点

里脊爽滑，口感麻香，回味绵长。

此菜运用的是天津菜一道传统的烹调技法，即"椒麻料"，其制作方法：花椒和大葱比例是 2 ∶ 1，将花椒用清水浸泡回软，用刀将其剁碎，把大葱切碎与花椒碎一起继续剁，剁细后放容器里用香油闷上，一天后即可使用。

茄汁玫瑰小肉排

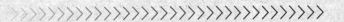

◉ **原料**

主料：猪肋排 500 克。

调料：净油 1 000 克（耗 50 克），料酒 15 克，玫瑰露酒 50 克，姜汁 5 克，高汤适量，生抽 15 克，盐 2 克，冰糖 50 克，白醋 10 克，柠檬半个，番茄沙司 50 克，葱姜丝蒜片 10 克。

◉ **制作过程**

a. 将猪肋排洗净，剁成寸段，用料酒、生抽、姜汁腌制一下。

b. 锅中放入净油烧至八成热时下入排骨炸至金黄色捞出。

c. 锅中放入少许底油烧热后倒入葱姜蒜爆香，下番茄沙司炒香，烹料酒、玫瑰露酒，加盐、冰糖、白醋、柠檬汁调味调色，开锅后放入排骨大火烧开转小火慢熻，待至黏稠时大火收汁即可装盘食用。

◉ **特点**

色泽红润，酒香浓郁，甜咸适中。

干炸里脊

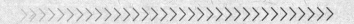

原料

主料：猪里脊肉 400 克。

调料：椒盐 20 克，料酒 5 克，姜汁 5 克，酱油 10 克，湿淀粉少许，净油 1 000 克（耗 50 克）。

制作过程

a. 将猪里脊肉切成约 0.5 厘米厚、3 厘米宽的长片，两面切上花刀，再顶刀切 1 厘米宽的条。

b. 将里脊条放入容器内，加入料酒、姜汁、酱油抓匀上劲，再用少许湿淀粉抓匀备用。

c. 锅中放入净油烧至五成热时下入里脊条滑散，调大火把里脊条炸透捞出，将油继续升温下入里脊肉冲炸一下，捞出沥干油分装盘，撒椒盐即可食用。

特点

枣红鲜艳，酥香味美。

黄金肥猪节节香

🥢 原料

主料：猪尾中段 500 克。

辅料：发好黄豆 200 克。

调料：净油 1 000 克（耗 50 克），葱段姜片 50 克，大料 3 瓣，桂皮 5 克，料酒 20 克，酱油 20 克，盐 3 克，冰糖 70 克，高汤、湿淀粉适量，香油 3 克。

🍲 制作过程

a. 将猪尾处理干净，放入冷水锅中慢煮至四成熟捞出沥干水分，再把猪尾剁成寸段。

b. 锅中放入净油烧至六成热时下入猪尾段，炸至金黄色捞出控油，另起一锅放入适量高汤和发好的黄豆，烧开后放入猪尾段，加入葱、姜、大料、桂皮、料酒、酱油、盐、冰糖进行炖制。

c. 将炖熟的猪尾和黄豆分开捞出，把黄豆放入锅中加入适量的炖猪尾汤，烧开后挂紧芡出锅装入盘底铺平备用。

d. 将猪尾放入烤箱用 200℃烤 4 分钟即可装盘均匀地摆在黄豆上，锅中用猪尾汤调好味，挂芡淋入香油浇到猪尾上即可食用。

🏵 特点

枣红艳丽，焦香浓郁，回味绵长。

此菜创意是黄豆与猪尾的结合寓意着"黄金万两"。猪尾别名又叫"节节香"。这两种食材的搭配对骨骼发育、延缓骨质老化有一定的功效，同时也含有丰富的胶原蛋白。

滑熘三鲜

◎ **原料**

主料：净里脊肉 100 克，净鱼肉 200 克，熟鸡蛋 2 个。

辅料：马蹄肉 50 克。

调料：净油 1 000 克（耗 30 克），大油 5 克，料酒 5 克，葱姜末 5 克，盐 5 克，姜汁 10 克，蛋清 1 个，淀粉 50 克，高汤、湿淀粉适量，淡奶油 15 克，花椒油 3 克。

◎ **制作过程**

a. 将里脊肉伏成云彩片，将净鱼肉伏成长方片，将熟鸡蛋切两刀形成四瓣取蛋白，把蛋白修剪一下，将马蹄肉切成片备用。

b. 将里脊片和鱼片分别用盐、姜汁、淀粉、蛋清上浆煨好。

c. 锅中放入净油烧至三四成热时，分别将鱼片和里脊片下锅滑开出锅。

d. 锅中放入适量水烧开，将马蹄片放入，开锅后调小火把肉片、鱼片、蛋白一起放入轻汆一下捞出沥干水分备用。

e. 锅中放入适量大油，炝葱姜末烹料酒打汤，开锅下入所有食材调味，下入淡奶油挂薄芡，淋上花椒油出锅装入汤盘即可食用。

◎ **特点**

清澈淡雅，肉质鲜嫩，咸鲜爽口。

此菜运用的滑熘的烹调技法是津菜中比较传统的一种制作方法。

◉ 原料

主料：羊里脊肉 300 克。

调料：净油 1 000 克（耗 50 克），花椒油 5 克，料酒 15 克，醋 10 克，酱油 10 克，面酱 5 克，姜汁 10 克，盐 3 克，白糖 50 克，蛋清 1 个，湿淀粉适量，葱米 5 克。

◉ 制作过程

a. 将羊里脊肉洗净去筋，切成约 3.3 厘米长、2 厘米宽、0.3 厘米厚的片。

b. 将切好的肉片放入碗内，加入盐、姜汁搅拌上劲，再加湿淀粉、蛋清搅匀形成薄糊备用。

c. 锅中放入净油烧至五成热时，手捻煨好的里脊片下锅，立即划散、划透出锅控油备用。

d. 原锅留底油炝葱米下入面酱炒香，将里脊片回锅，烹入料酒、醋、酱油迅速翻炒，加入姜汁和白糖，挂芡淋花椒油，翻匀出锅装盘食用。

◉ 特点

色泽金黄，肉质软嫩，甜咸如蜜。

它似蜜又名"蜜汁羊肉"，是传统清真菜肴，始创于清宫御膳房，慈禧太后赐名，溢味甜香，别具风格，后来流传到民间，是一道很受食客欢迎的清真特色菜肴。

原料

主料：牛肋肉 1 方块（约 1 000 克）。

调料：葱段、姜片、带皮蒜 100 克，大料 1 朵，葱姜丝蒜片 10 克，面酱 10 克，净油 10 克，料酒 5 克，酱油 5 克，白糖 10 克，盐 2 克，花椒油 5 克，高汤、湿淀粉适量。

制作过程

a. 将牛肋肉拔净血水，放入冷水锅中煮，加入葱段、姜片、带皮蒜和大料煮熟后捞出沥干水分，打冷放凉便于改刀。

b. 将冷却好的牛肉裁成方块，切成 1 厘米见方、约 9.9 厘米长的条，在平盘内摆好定盘备用。

c. 锅中放入适量底油烧热后，煸大料，炝葱姜蒜，下面酱炒香，打汤加盐、白糖、酱油调味，下入定好的牛肉条烧制，小火㸆透入味，调大火挂芡淋入花椒油，大翻勺轻轻地放入平盘即可上桌食用。

特点

色泽红润，明汁亮芡，肉质软烂，甜咸适中。

此菜是一道传统的天津名菜。

杞红金汤牛鞭花

原料

主料：牛鞭 1 根。

辅料：南瓜茸 100 克，枸杞 8 个，熟米饭 50 克。

调料：葱段 20 克，姜片 15 克，料酒 50 克，葱姜丝蒜片 10 克，大料 2 瓣，面酱 10 克，酱油 5 克，盐 5 克，白糖 5 克，生抽 5 克，香油 3 克，油、高汤、湿淀粉适量。

制作过程

a. 将牛鞭放入水锅中煮，加入葱段、姜片、大料煮至八成熟捞出。

b. 将牛鞭切成若干段，再一切两开放入净水中洗净，将牛鞭顺着段切成一字刀间隔 0.3 厘米一刀备用。

c. 锅中放入适量底油，煸大料出香味，炝葱姜丝蒜片，下入面酱炒香，烹料酒打汤加酱油、盐、白糖调味，烧开后打出一半汤后，下入牛鞭花爆透，倒至漏勺，再把牛鞭花放入另一半汤内继续爆，入味后出锅备用。

d. 将白米饭从蒸箱拿出装入汤盘摆好、摆平，把牛鞭花放在米饭上，锅中放入适量高汤，调好味，用南瓜茸和生抽调色，挂薄芡淋上香油，浇到牛鞭上放入枸杞即可上桌食用。

特点

汤汁浓郁，色泽金黄，牛鞭爽滑，口味咸香。

葫芦藏宝

原料

主料：熟羊肚葫芦 1 个。

辅料：鸡胸 50 克，鱼肉 50 克，虾仁 2 个，发好干贝 2 个，口蘑 1 个，豌豆粒 10 个，草菇 1 个，冬瓜 1 块。

调料：料酒 5 克，姜汁 10 克，蛋清 1 个，盐 2 克，生抽少许，湿淀粉、牛清汤适量，麦芽糖 10 克，香油 5 克。

制作过程

a. 将鸡胸和鱼肉中加入料酒、姜汁、蛋清、盐制成茸，将虾仁、口蘑、草菇切成小粒，干贝搓成丝。

b. 将所有主料和辅料放入碗中搅拌均匀，瓤入羊肚葫芦里，封好口，口朝下上蒸箱蒸熟。

c. 将冬瓜切成 1 厘米厚、直径 8 厘米的圆片，中间挖一个直径 5 厘米的洞，放入蒸箱蒸熟后摆放在汤盘中间备用。

d. 将蒸好的羊肚葫芦摆放到冬瓜上，锅中放入牛清汤烧开后加入盐、姜汁、生抽，挂芡后下入麦芽糖关火调匀，淋上香油浇到羊肚葫芦上即可上桌食用。

特点

麻肚金黄，汁芡明亮，鲜香浓郁，回味无穷。

奶汁氽脊髓

◉ 原料

主料：熟羊脊髓 300 克。

辅料：冬瓜 200 克。

调料：葱段 5 克，姜片 5 克，料酒 20 克，盐 5 克，姜汁 20 克，淡奶油 10 克，羊骨汤、湿淀粉适量。

🍲 制作过程

a. 将熟羊脊髓改刀切成 10 厘米长的段，将冬瓜切成 1 厘米见方、8 厘米长的条。

b. 锅中放入适量水烧开加入料酒、姜汁，把脊髓段和冬瓜条分别下入锅中焯一下捞出。

c. 将羊脊髓段整齐地摆放在碗中，再把冬瓜条摆在羊脊髓上码放整齐，放葱段、姜片、盐、料酒、羊骨汤，上蒸箱蒸熟。

d. 将蒸好的羊脊髓把汤滗出放入锅中，把羊脊髓合碗扣到汤盘中，再把锅中的汤汁加入盐、姜汁调好味，加入淡奶油挂薄芡浇到汤盘内即可食用。

★ 特点

洁白剔透，软嫩香滑，汤鲜味美。

炸烹手撕牛肋肉

原料

主料：熟牛肋肉 300 克。

调料：鸡蛋 1 个，湿淀粉 20 克，面粉 7 克，盐 3 克，料酒 15 克，醋 15 克，酱油 15 克，葱姜丝 10 克，蒜片 5 克，高汤适量，净油 1 000 克（耗 50 克），花椒油 5 克。

制作过程

a. 将熟牛肋肉撕成小块，碗中加入鸡蛋、湿淀粉、面粉、盐，搅拌均匀调成糊备用。

b. 锅中放入净油烧至六成热时，用手将牛肉均匀地蘸上糊，下锅炸至金黄色捞出，油温升高后再复炸一下出锅控油备用。

c. 锅中留底油炝葱姜丝、蒜片，下入牛肉后烹料酒、醋、酱油、汤少许，淋上花椒油迅速翻炒出锅装盘即可食用。

特点

酥脆爽口，鲜嫩入味。

黄焖栗子鸡

◉ 原料

主料：去骨鸡腿肉 300 克。

辅料：去皮糖炒栗子 100 克。

调料：蛋清 1 个，盐 2 克，净油 1 000 克（耗 30 克），大料 2 瓣，葱姜丝 5 克，蒜片 3 克，面酱 10 克，料酒 10 克，酱油 10 克，白糖 100 克，湿淀粉、高汤适量，嫩糖色少许，花椒油 3 克。

◉ 制作过程

a. 将鸡腿肉切成小块放入碗中，用盐、湿淀粉、蛋清上浆，放进冰箱冷藏一会儿。

b. 锅中放入净油烧至五成热时下入鸡腿肉划散，捞出控油备用。

c. 锅中放入适量的清水烧开，放入白糖和栗子小火慢熬，见水浓稠时栗子也入味了，把栗子捞出控水备用。

d. 锅中放入适量底油下大料煸香，炝葱姜丝、蒜片，放入面酱炒熟，将鸡腿肉下锅翻炒均匀，烹料酒、酱油继续翻炒，打汤调味放入栗子慢火焖至汤汁浓稠时，嫩糖色调色加少许白糖，挂芡淋上花椒油翻匀起锅装盘即可食用。

◉ 特点

色泽金黄，软烂香滑，栗子甜糯，酱香咸鲜。

清汤鸡

◉ **原料**

主料：白条鸡 1 只。

调料：料酒 15 克，酱油 10 克，姜片 10 克，大料 2 瓣，姜汁 5 克，盐、高汤适量。

◉ **制作过程**

a. 将白条鸡洗净放入水锅中浸煮断生，捞出控水。

b. 将鸡放入容器中，加满水放入姜片上蒸锅，蒸至脱骨即可。

c. 将鸡捞出过冷水，拆去鸡骨，改刀切成条码入碗中，放上盐、姜片、大料，浇上料酒和高汤上锅蒸透，去掉姜片和大料合入大汤碗中。

d. 锅中放入鸡汤烧开，加盐，放入酱油和姜汁，撇去浮沫浇入汤碗内即可食用。

◉ **特点**

清淡不腻，鲜嫩柔滑，汤味醇浓。

酱爆桃仁鸡腿肉

◎ 原料

主料：鸡腿肉 300 克，琥珀桃仁 100 克。

调料：净油 1 000 克（耗 60 克），盐 2 克，蛋液 5 克，淀粉 50 克，面粉 20 克，姜汁 10 克，面酱 15 克，白糖 30 克，高汤 50 克，嫩糖色少许，香油 5 克。

◎ 制作过程

a.将鸡腿肉切成丁用姜汁、盐、淀粉、蛋液进行上浆，再用 2 ：1 的淀粉和面粉加水调匀，把鸡腿丁放入搅匀备用。

b.锅中放入净油烧至六成热时下入鸡腿丁，用筷子迅速划散、划透，将油温升高捞出，再复炸一下捞出控油备用。

c.锅中放入适量底油下入面酱、白糖、高汤，放入少许嫩糖色，上温火炒面酱，炒到黏稠时放入鸡腿肉快速翻炒均匀，放入琥珀桃仁淋上香油即可出锅装盘食用。

◎ 特点

色泽红润，酱香酥脆，甜咸爽口。

宫保鸡丁

🥚 原料

主料：鸡胸肉 300 克。

辅料：玉兰片 50 克，油炸花生米。

调料：净油 1 000 克（耗 30 克），辣椒酱 10 克，面酱 10 克，葱姜米 5 克，料酒 10 克，嫩糖色少许，白糖 10 克，盐 2 克，蛋清 1 个，香油 5 克，湿淀粉、高汤适量。

🍚 制作过程

a. 将鸡胸肉与玉兰片分别切成小丁，鸡丁放入碗中，加入盐、湿淀粉、蛋清搅拌上浆。将玉兰片丁用沸水焯一下控干备用。

b. 锅中放入净油烧至五成热时下入鸡丁划散、划熟捞出，待油温升高后放入玉兰片丁炸制，控出。

c. 锅中留底油炝葱姜米，下入辣椒酱和面酱炒香，放入鸡丁、花生米和玉兰片丁翻炒均匀，烹入料酒，打高汤调味，加入嫩糖色挂芡，淋上香油翻匀即可出锅装盘食用。

👤 特点

酱汁润滑，肉质鲜嫩，甜咸香辣。

炒芙蓉鸡片

🥟 原料

主料：鸡小胸 100 克，拖泥肉 50 克，蛋清 6 个。

辅料：香菇 5 克，冬笋 5 克，火腿 10 克，鲜豌豆 5 克。

调料：净油 1 000 克（耗 50 克），料酒 10 克，姜汁 15 克，盐 6 克，淡奶油 20 克，葱 3 克，湿淀粉 50 克，高汤适量。

🍲 制作过程

a. 将鸡胸肉和拖泥肉洗净，放入打碎机里调味，加水、姜汁和湿淀粉，打成浆粥。

b. 将浆粥均匀地分三次倒入蛋清内，不停地搅拌直至完全融合在一起。

c. 香菇、冬笋、火腿分别改刀切成小片，放入开水锅中焯熟备用。

d. 锅中放入净油，待油温升至三成热时，将鸡茸慢慢下锅，用手勺不停地推动，见鸡片浮起捞出，放入热水盆里漂油控出。

e. 锅中放入适量底油下葱末爆香，烹料酒、姜汁，打汤加入淡奶油下鸡片和辅料（除鲜豌豆），调味挂芡出锅装盘撒上鲜豌豆即可食用。

🏆 特点

色彩绚丽，鲜嫩可口，老少咸宜。

如意鸡翅

◉ 原料

主料：鸡中翅 5 个。

调料：净油 1 000 克（耗 50 克），盐 3 克，料酒 5 克，姜汁 5 克，蛋黄 4 个，淀粉 80 克，椒盐 15 克。

◉ 制作过程

a. 将鸡翅从中间一切两块，把刀口面的鸡肉顺鸡骨往下翻开，去掉鸡翅的小细骨刺，留鸡翅的大骨刺。

b. 将鸡翅肉用盐、料酒、姜汁腌制，把蛋黄放入容器中加入淀粉搅拌均匀，放入少许净油，形成蛋黄糊备用。

c. 锅中放入净油烧至五成热时，用手拿着鸡骨刺在蛋黄糊中蘸匀，下入油锅中炸至金黄色捞出，待油温升高时复炸一次捞出控油，将炸好的鸡翅码放在盘中，配上椒盐上桌即可食用。

◉ 特点

形似如意，色泽金黄，香酥可口。

此菜是津菜中的一道传统名菜。

八珍烤鸡

🍲 原料

主料：活鸡 1 只。

辅料：干香菇 50 克，香葱 50 克，姜片 50 克。

药料：红参 1 克，黄芪 2 克，灵芝 2 克，天麻 1 克，枸杞子 2 克，丁香 0.5 克，砂仁 1 克，肉豆蔻 2 克。

调料：盐 60 克，黄酒 50 克，茴香、花椒、桂皮、陈皮适量。

🍱 制作过程

a. 选用新鲜肉鸡，先将肉鸡宰杀，褪毛、开膛、冲洗、去爪后把鸡挂在风箱里晾干。

b. 在装有八味中药的料包袋中加入适量茴香、花椒、桂皮、生姜、陈皮、黄酒、食盐等，放入适量清水中煮 2 小时，直到布袋中药物和佐料味道很淡时，料汁剩 1 000 克将料汁过滤到容器内冷却，将净膛肉鸡浸泡在此料汤里 3 小时备用。

c. 将浸泡好的鸡，用盐均匀地涂在肉鸡的外表面和腹腔内，再把发好的香菇、香葱和姜片一起放入腹腔内，用钎子将腹腔口锁住，然后腌制 30 分钟。

d. 将鸡放入烤箱中 180℃烤 40 分钟即可取出装盘。

⭐ 特点

芳香回味，皮脆肉嫩，酥而不散，入口不腻。本菜品采用了八味中药，具有滋补保健的作用，是一道很好的药膳菜品。

脆 皮 鸭 肉 卷

原料

主料：鸭胸 200 克。

辅料：鸡蛋 5 个，葱丝 50 克。

调料：净油 1 000 克（耗 30 克），盐 2 克，面酱 15 克，白糖 10 克，料酒 5 克，湿淀粉、高汤适量，香油 3 克，淀粉 100 克，面包糠 300 克。

制作过程

a. 将鸭胸切丝并上浆，将鸡蛋 3 个打入碗中加入适量湿淀粉搅匀，放入平底锅中摊成蛋皮备用。

b. 锅中放入净油烧至六成热时，下入鸭丝划熟捞出，锅中留底油放入面酱，打汤加入白糖、料酒进行炒香，待汁浓稠时下入鸭丝淋上香油迅速翻炒均匀，放入葱丝翻匀出锅装入容器内备用。

c. 把蛋皮放在砧板上放入鸭丝，用手从一头轻轻卷起成蛋卷，蘸上淀粉、蛋液、面包糠定型备用。

d. 锅中放入净油烧至六成热时下入鸭肉卷，炸至金黄色捞出沥干油分，均匀码入盘中即可食用。

特点

造型美观，酥脆爽口，酱香回味。

麻栗鸭条

🥟 原料

主料：去骨熟鸭肉 300 克。

辅料：去皮糖水栗子 50 克，马蹄 50 克。

调料：净油 1 000 克（耗 50 克），花椒油 10 克，葱姜丝、蒜片各 5 克，料酒 8 克，醋 40 克，酱油 5 克，盐 2 克，白糖 50 克，湿淀粉适量，生花椒 5 克。

🍲 制作过程

a. 将去骨熟鸭肉顶刀切成 1 厘米见方的寸段，糖水栗子切成两半，马蹄切成两半，将花椒剁碎成细末。

b. 用湿淀粉把鸭条均匀裹上，锅中放入净油烧至七成热时下入鸭条，炸至金黄色捞出，油温升高后再把马蹄、栗子和鸭条一起下入锅中炸一下捞出控油备用。

c. 锅中留适量底油炝葱姜丝、蒜片，烹入料酒、醋、酱油，加适量清水和盐，下白糖挂芡淋入花椒油，把鸭条、栗子、马蹄和花椒粒一起下锅翻匀，将汁均匀裹在食材上即可出锅装盘食用。

🏮 特点

明汁亮芡，外焦里嫩，酸甜微麻。

此菜是津菜中一道传统名菜。

清汤回笼蛋

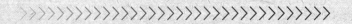

原料

主料：鸡蛋1个。

辅料：虾仁1个，胡萝卜10克，豌豆5粒，火腿10克，油菜心2棵，冬瓜50克。

调料：姜汁5克，盐3克，湿淀粉2克，清鸡汤适量。

制作过程

a. 将鸡蛋在大头处挖一个小孔，倒出鸡蛋液，留蛋清备用。

b. 将虾仁、胡萝卜、火腿切成小粒，和豌豆粒、油菜心一起放入沸水锅中焯一下，捞出过凉，将冬瓜改刀切成蛋托，上蒸箱蒸熟备用。

c. 将蛋清打散至碗中，放入虾仁粒、胡萝卜粒、火腿粒和豌豆粒，加入少许姜汁和湿淀粉，放入盐搅匀装入鸡蛋壳内，放入蒸箱蒸熟后取出，剥去鸡蛋皮备用。

d. 把蒸好的冬瓜托放入位上的汤碗里，再把回笼蛋摆放在冬瓜上，锅中放入适量清鸡汤烧开调味，浇到回笼蛋的汤碗里，放入油菜心即可上桌食用。

特点

形似鸡蛋，色彩美观，味道清鲜。

此菜是津菜中一道传统名菜。

八宝葫芦鸭

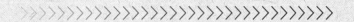

🥟 原料

主料：净鸭 1 只，江米 260 克。

辅料：青梅 15 克，瓜条 15 克，桂圆肉 15 克，葡萄干 15 克，百合 15 克，去核小枣 20 克，莲子 20 克，青丝玫瑰 15 克。

调料：白糖 200 克，桂花酱 1 瓶，芝麻碎 50 克，姜片 10 克，料酒 15 克，盐 5 克，大油 50 克，净油 1 000 克（耗 50 克）。

🍚 制作过程

a. 将鸭头剁掉备用，去掉鸭脖、鸭膀尖和小腿，把膀骨砸折，用刀取出膀骨，将鸭片和肉向外翻剃掉肋骨和脊骨，不要弄破鸭皮，最后去掉腿骨洗净，将鸭皮翻到外面备用。

b. 江米洗净泡发一下捞出，将各种辅料改刀切成小粒，与江米一起放入容器中，把白糖、桂花酱、大油放入搅拌均匀成馅料。

c. 将馅料的 3/4 从鸭颈口装入，用线绳捆住形成一个大圆球，再把剩下的馅料继续装入，用线绳捆紧形成一个小圆球，再把鸭头放在鸭颈上，用线绳将鸭皮和鸭头捆紧即可形成葫芦。

d. 将捆好的葫芦鸭放入容器内，鸭脯朝上码好用盐抹匀，放上姜片，浇上料酒上蒸锅蒸熟，出锅解去线绳把汤控出，放在笊篱上备用。

e. 锅中放入油烧至八成热时，将笊篱上的鸭子用手勺一勺一勺地浇，一定要浇匀，视葫芦鸭发挺、色匀、饱满呈金黄色捞出装盘，把白糖和芝麻碎撒在葫芦鸭上即可食用。

⭐ 特点

色泽金黄，外酥内嫩，油润香甜，回味绵长。

此菜无论是在技术还是艺术方面都达到很高的水平，八宝葫芦鸭是用八种辅料，结合脱骨鸭制作的葫芦形状，彰显美食文化的魅力所在。

醋熘松花蛋

🥟 原料

主料：松花蛋4个。

辅料：马蹄50克，黄瓜50克，木耳20克。

调料：净油1 000克（耗50克），葱姜丝蒜片10克，料酒10克，醋20克，酱油5克，盐2克，糖10克，面粉、湿淀粉适量，花椒油5克。

🍲 制作过程

a. 将松花蛋上蒸箱蒸熟，改刀切成菱形块，马蹄顶刀切成片放入开水锅中汆烫一下捞出，黄瓜切成木渣片，木耳洗净备用。

b. 将松花蛋滚上面粉吸干表面水分，锅中放入净油烧至六成热时，用湿淀粉淋在松花蛋上下入油锅炸，捞出后油温升高到八成热时，连同辅料一起下锅冲炸一下捞出控油。

c. 锅中留底油炝葱姜丝蒜片，烹入料酒、醋、酱油、适量水，加入盐、糖后挂芡淋入花椒油，放入食材翻匀，出锅装盘即可食用。

⭐ 特点

软嫩面香，口味酸甜，老少咸宜。

三鲜浓汤黄芽白

◎ 原料

主料：黄芽白菜 1 棵。

辅料：虾仁 50 克，火腿 30 克，鸡蛋 1 个。

调料：浓汤 300 克，姜汁 50 克，盐 8 克，糖少许，湿淀粉适量，花椒油 5 克。

◎ 制作过程

a. 将白菜去头顺刀切成长条，虾仁去虾线洗净，火腿切成菱形片，鸡蛋摊成蛋皮，改刀切成菱形片。

b. 锅中放入适量水烧开，下入虾仁、火腿烫熟捞出沥干水分，锅中放入 100 克浓汤和水烧开，加入 5 克盐下入白菜煮熟入底味，捞出沥干水分备用。

c. 锅中放入浓汤、姜汁烧开调味，下入白菜开锅后再放入虾仁和火腿，烧透后用筷子将白菜夹出码放在汤盘内，锅中的汤和辅料挂薄芡放入蛋皮，淋上花椒油浇到白菜上即可上桌食用。

◎ 特点

汤汁浓郁，白菜软烂，咸鲜回味。

此菜选用的是天津黄芽白菜，营养丰富。黄芽白菜菜心嫩黄，是菜中之佳品。

美宫山药

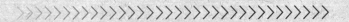

原料

主料：净山药 300 克。

辅料：京糕 150 克，豆沙馅 150 克。

调料：白糖 50 克，桂花酱 10 克，盐 1 克，湿淀粉、油适量。

制作过程

a. 将山药切成长约 3.3 厘米、宽 1.5 厘米、厚 0.3 厘米的片，切 16 片放入开水锅中，烫熟后捞出过凉沥干水分备用。

b. 将京糕切成与山药同等尺寸的片，切 12 片。将豆沙馅放在砧板上压扁，切成与山药同等尺寸的片，切 12 片备用。

c. 将 4 片山药、3 片京糕和 3 片豆沙馅，一片夹一片码好，码 4 组，将 4 组横向和竖向摆在平盘中，形成一个万字，上蒸箱蒸 1 分钟即可取出备用。

d. 锅中放入适量清水，加入白糖、桂花酱、盐烧开，挂薄芡，淋上明油浇在美宫山药上即可食用。

特点

出品精细，造型美观，酸甜适口，回味绵长。

此菜是一道传统的天津名菜。

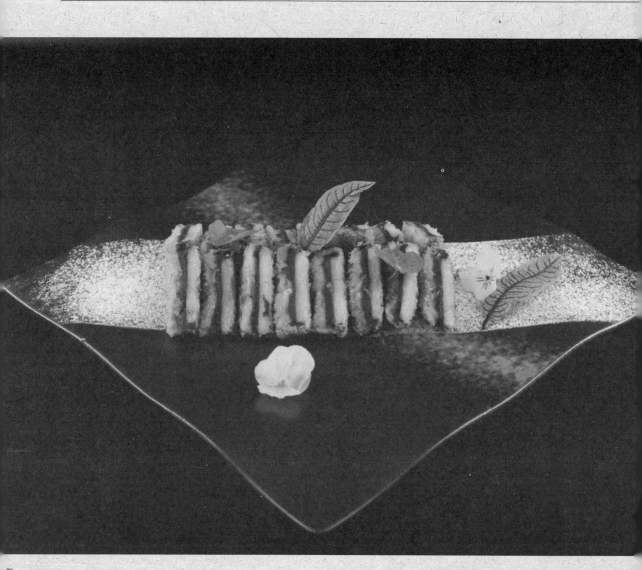

炸 段 宵

◎ 原料

主料：香蕉 2 根，京糕 1 块，豆沙馅 100 克。

调料：净油 1 000 克（耗 50 克），淀粉 100 克，蛋清 2 个，湿淀粉适量，面粉 20 克，青红丝 20 克，白糖 50 克。

◎ 制作过程

a. 将香蕉切成 0.5 厘米厚的片，用与香蕉直径相同的圆磨具，将香蕉统一压圆形，将京糕用磨具压成同样大小的圆片，将豆沙馅搓成圆条，切成与香蕉同样的圆片。

b. 将香蕉和京糕都均匀地沾上淀粉，把香蕉平放在砧板上，放上一片豆沙片再放上一片京糕片，形成一组段宵。

c. 将蛋清放入容器中加入适量湿淀粉和面粉调成糊状。

d. 锅中放入净油烧至五成热时，将段宵均匀地沾上淀粉糊放入油锅中炸，炸至金黄色时捞出控油，将炸好的段宵摆放在平盘中，把青红丝和白糖撒在段宵上面即可食用。

◎ 特点

酥糯绵软，酸甜清口，开胃消食。

此菜是一道传统的天津名菜。

明虾汤汁白菜卷

⬭ 原料

主料：白菜叶 3 片。

辅料：猪肉馅 50 克，明虾 1 只，海参 10 克。

调料：蛋清 1 个，湿淀粉适量，姜汁 10 克，料酒 5 克，生抽 5 克，盐 3 克，香油 5 克，葱段姜片 10 克，高汤适量。

⬛ 制作过程

a. 将明虾洗净去头去皮，把虾头、虾皮和葱姜放入底油锅中煸香，见出虾油后加入热水和高汤煮制备用。

b. 将虾肉和海参切成小粒放入碗中，把猪肉馅也放进碗中，加入料酒、生抽、盐、香油和蛋清、姜汁进行搅拌。

c. 将白菜叶放入开水锅中烫一下捞出过凉沥干水分，把白菜叶平放在展板上，将调好的馅均匀地放在白菜上，将白菜卷成圆柱形，放入蒸箱蒸熟后取出，切成约 6.6 厘米长的段码放在汤盘内。

d. 将煮好的虾汤过滤一下放入锅中，见开锅加入盐，挂薄芡淋上香油均匀地浇在白菜卷上即可上桌食用。

✦ 特点

色泽明亮，鲜香醇厚，汤汁浓郁。

香煎带子藕

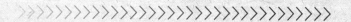

原料

主料：带子5个，莲藕1节，猪肉馅100克。

辅料：生菜叶50克，苦苣50克。

调料：蛋清1个，姜汁5克，料酒5克，酱油5克，盐3克，香油3克，净油300克（耗20克）。

制作过程

a. 将生菜叶和苦苣洗净后撕碎摆放在平盘中备用。

b. 将猪肉馅加入料酒、姜汁、酱油、盐、香油、蛋清拌匀搅上劲，将带子切成薄片上浆备用。

c. 将藕洗净去皮切成片，把带子片放在藕片中间，将肉馅均匀地涂抹在周边备用。

d. 锅中放入适量底油烧热后，把藕片馅朝下放入锅中煎至金黄色，再继续放进净油形成半煎半炸，炸熟后捞出控油，摆放在生菜盘中即可食用。

特点

造型美观，鲜香爽脆，美味适口。

瓤馅冬菇盒

🥟 原料

主料：虾仁 50 克，香菇 18 片。

辅料：肥肉 15 克。

调料：净油 1 000 克（耗 50 克），料酒 15 克，姜汁 5 克，生抽 5 克，盐 3 克，香油 2 克，葱姜丝 5 克，酱油 5 克，糖 5 克，高汤、干淀粉、湿淀粉适量，花椒油 5 克。

🍲 制作过程

a. 将虾仁洗净去虾线，用刀拍碎斩成馅，肥肉切成小粒一起放入碗中，加入料酒、姜汁、生抽、盐、香油拌匀上馅，分成 9 个小丸子备用。

b. 将香菇去根，底朝上平放在砧板上，均匀地撒上干淀粉，把丸子放在 9 片香菇上，用另 9 片香菇压上，压扁备用。

c. 锅中放入净油烧至六成热时下入冬菇盒，炸透、炸熟捞出。

d. 锅中留底油炝葱姜丝，烹料酒打汤加入酱油、糖调味，开锅后放入冬菇盒小火爝透，大火挂芡淋入花椒油，将冬菇盒均匀地裹上汁，出锅摆盘即可上桌食用。

⭐ 特点

造型别致，鲜香回味，口感爽滑。

此菜是天津菜中一道传统名菜。

扒菊花茄子

🥢 原料

主料：圆茄子 1 个。

辅料：虾仁 5 个，香菜 1 棵。

调料：净油 1 000 克（耗 50 克），大料 2 瓣，葱姜丝蒜片 10 克，面酱 10 克，料酒 5 克，酱油 5 克，盐 2 克，糖 5 克，高汤、湿淀粉适量，香油 5 克。

🍲 制作过程

a. 将茄子洗净去把带皮切 3 块，再切成连刀片，虾仁洗净去虾线上浆，香菜洗净切成末备用。

b. 锅中放入净油烧至七成热时下入茄子，将茄子炸至金黄色捞出，下入虾仁划散出锅，将茄子刀口朝外摆在平盘上，虾仁摆在平盘中间备用。

c. 锅中留底油炸大料，炝葱姜丝蒜片，下入面酱煸香烹料酒打汤，加入酱油、盐、糖调味料，开锅把茄子轻轻滑到锅中，小火慢熥，熥透后挂芡淋上香油，大火翻勺溜入平盘，把香菜末放在虾仁上即可食用。

🔔 特点

形似菊花，鲜香滑软，口味浑厚。

此菜是津菜中一道传统名菜。

津味烩素帽

原料

主料：素帽 100 克。

辅料：面筋 50 克，豆腐 50 克，面片 20 克，素丸子 50 克，菠菜 20 克，绿豆菜 20 克，香菜 50 克。

调料：净油 1 000 克（耗 80 克），姜末、素高汤、湿淀粉适量，酱油 5 克，盐 2 克，酱豆腐 10 克，香油 10 克。

制作过程

a. 将面筋切成小丁，豆腐切成小丁，菠菜洗净切成寸段，香菜茎切成末，香菜叶切成小段备用。

b. 锅中放入净油烧至六成热时下入面片，炸至酥脆捞出，待油温七成热时下入面筋，炸至脆壳即可捞出，油温升高八成热时下入豆腐，炸至金黄色时捞出，再下入素丸子炸脆即可出锅备用。

c. 锅中留底油下入姜末、香菜末煸香，放入绿豆菜煸炒，烹入酱油加入素高汤，开锅后放入素冒、面筋、素丸子、豆腐和菠菜，放入酱豆腐和盐、酱油调味料，见开挂芡淋上香油，放入面片出锅装入汤碗，撒上香菜即可上桌食用。

特点

真素清雅，口感独特，汤料味浓。

此菜是一道传统的天津名菜。

九 转 豆 腐

原料

主料：豆浆 100 克。

辅料：鸡小胸 50 克，虾仁 50 克，蛋清 4 个，香菜 30 克。

调料：净油 1 000 克（耗 30 克），姜汁 20 克，盐 3 克，丁香 2 粒，白糖 15 克，料酒 5 克，醋 10 克，高汤、湿淀粉适量，胡椒粉 3 克，香油 5 克。

制作过程

a.将鸡胸、虾仁、姜汁、盐、湿淀粉、豆浆制成茸放入容器中，上蒸箱蒸熟后取出冷却备用。

b.将制作好的豆腐切坡刀片，锅中放入净油烧至七成热时下入豆腐，炸上色即可出锅备用。

c.锅中留底油下入丁香煸香，再下入白糖炒糖色，见冒烟加入高汤，烹料酒和醋放入豆腐小火慢燸，入味后大火收汁撒胡椒粉淋上香油，大翻勺出锅装入平盘，配上香菜即可上桌食用。

特点

色泽红润，口感爽滑，酸甜苦辣咸，回味无穷。

黑 松 露 蟹 肉 真 菌 卷

🍲 原料

主料：黑松露 1 个。

辅料：帝王蟹熟肉 30 克，金针菇 50 克，杏鲍菇 50 克，豆腐皮 1 张。

调料：猪油 10 克，盐 3 克，生抽 3 克，料酒 5 克，姜汁 10 克，高汤、湿淀粉适量，鲜虾汤、香油 5 克。

🍳 制作过程

a. 将黑松露切成片，将杏鲍菇切成细丝，将金针菇洗净切成小段，将帝王蟹肉撕成碎丝备用。

b. 锅中倒入适量水烧开后，放入杏鲍菇丝和金针菇焯熟捞出沥干水分，锅中放入适量猪油，将黑松露片放入锅中煎制取出备用，将锅中的油烧热，杏鲍菇和金针菇煸炒，打汤加盐、生抽、料酒，烧开后挂芡出锅备用。

c. 将豆腐皮平放展板上，把菌菇馅放上卷成卷，放入蒸箱蒸透取出备用。

d. 把豆腐皮卷放入煎锅中煎至两面金黄取出改刀装入汤碟中备用。

e. 锅中放入鲜虾汤烧开，加入盐、姜汁调味料放入蟹肉丝挂薄芡淋香油，轻轻地浇在汤碟里再把煎好的黑松露放到菜上即可食用。

⭐ 特点

真菌清香，汤汁鲜美，回味绵长。

氽美宫冬瓜

🍲 原料

主料：冬瓜 200 克。

辅料：火腿 150 克，南瓜 200 克。

调料：清鸡汤适量，姜汁 10 克，盐 5 克，香油 3 克。

🍲 制作过程

a. 将火腿切成长 10 厘米、宽 1.5 厘米、厚 0.3 厘米的长片，切 10 片，将冬瓜和南瓜切成与火腿一样大小的片，各切 10 片备用。

b. 锅中放入水加入适量的盐烧开，分别将冬瓜片和南瓜片放入焯至断生，捞出过凉沥干水分备用。

c. 将一片冬瓜、一片火腿、一片南瓜均匀地放在汤盘里，码成长方形，放入蒸箱蒸熟，取出汤盘。

d. 将清鸡汤倒入锅中，加入姜汁、盐调好味淋上香油，轻轻地浇到汤盘里即可食用。

⭐ 特点

造型美观，汤汁清鲜，口感绵滑。

扒瓤馅面筋

◎ **原料**

主料：球面筋 12 个。

辅料：猪肉馅 150 克，虾仁 50 克，海参 50 克，韭菜 50 克，鸡蛋 1 个。

调料：葱姜末 10 克，料酒 5 克，酱油 15 克，盐 3 克，香油 5 克，高汤、湿淀粉适量。

◎ **制作过程**

a. 将球面筋用温水浸泡回软备用。

b. 将猪肉馅放入容器中，放入调味料葱姜末、料酒、酱油、盐、香油上馅，把虾仁和海参分别洗净切成小粒，鸡蛋打散放入锅中炒碎，韭菜头切碎不要叶，将辅料放入肉馅中拌匀，将肉馅挤成 12 个小丸子备用。

c. 将面筋球剪个小口，把小丸子放入面筋球里，口朝下放在金属盘上，进蒸箱蒸熟后取出，摆放在平盘上备用。

d. 锅中放入适量高汤加入酱油、盐烧开挂芡，淋上香油浇到面筋上即可上桌食用。

◎ **特点**

色泽金黄，鲜香醇厚，回味绵长。

此菜是一道传统的天津名菜。

华洋面筋

原料

主料：水面筋 200 克。

调料：净油 1 000 克（耗 50 克），葱姜丝蒜片 10 克，湿淀粉适量，料酒 10 克，醋 30 克，盐 3 克，白糖 50 克，花椒油 5 克。

制作过程

a. 将水面筋切成 1 厘米大小的丁，用湿淀粉调成淀粉糊，将面筋放入糊中抓匀。

b. 锅中放入净油烧至五成热时，下入面筋丁，用八成热的油炸脆即可捞出。

c. 锅中留底油炝葱姜丝蒜片，烹料酒、醋、盐和白糖，加入适量水，烧开挂芡淋入花椒油，把面筋丁倒入锅中翻匀，将汁均匀地裹在面筋上，出锅装盘即可上桌食用。

特点

色泽艳丽，酥脆爽口，酸甜回味。

此菜是一道天津传统名菜。

草堂素什锦

原料

主料：香干 50 克，水面筋 50 克，木耳 20 克，口蘑 50 克，草菇 50 克，胡萝卜 30 克，马蹄 50 克，果仁 50 克，玉兰片 30 克，香菇 50 克。

调料：净油 1000 克（耗 20 克），香油 10 克，姜丝 5 克，香菜末 5 克，酱油 20 克，白糖 20 克，素汤、湿淀粉适量。

制作过程

a. 将香干、面筋、口蘑、草菇、马蹄、玉兰片、胡萝卜、香菇切成片，将木耳洗净撕成小片，将泡好果仁去皮备用。

b. 锅中放入适量水烧开，放入面筋、木耳、马蹄焯一下捞出。

c. 锅中放入净油烧至六成热，下入果仁、香菇、口蘑、草菇、玉兰片、胡萝卜、香干炸至表面微黄即可出锅控油。

d. 锅中放入香油烧热，下入姜丝、香菜末煸香，把食材倒入锅中迅速翻炒，加入酱油继续翻炒，直至闻到香味打入素汤，加入调味料小火慢㸆，㸆透大火挂芡淋入香油即可出锅装盘食用。

特点

色泽枣红，真素清雅，甜咸浓郁。

此菜是真素席上的菜肴，在天津已有百年历史，是津菜中的一道传统名菜。

冰镇豆沙鲜果碗

◈ 原料

主料：碎冰花 50 克，绿豆沙 50 克。

辅料：西瓜 10 克，哈密瓜 10 克，猕猴桃 10 克，菠萝 10 克，草莓 10 克。

调料：淡奶油 20 克，桂花酱 10 克，白糖 10 克。

◈ 制作过程

a. 将淡奶油、桂花酱、白糖与绿豆沙放入容器中拌匀，再把碎冰花倒入一起搅拌均匀，放入小玻璃碗里进冰箱冷冻一下备用。

b. 将所有的辅料切成小菱形片，均匀地摆在冰碗上面，即可上桌食用。

◈ 特点

造型别致，清心爽口，奶香甜润。

燦红果

🐚 原料

主料：山楂果 500 克。

调料：白糖 500 克。

🍲 制作过程

a. 将山楂果放入开水锅中焯一下，捞出去皮、核，保持红果原形。

b. 锅中放入净水 500 克，下入白糖开锅撇去浮沫，小火熬至糖溶化，将红果下入锅中慢火煿透，切记不要搅拌，熬至锅中糖汁浓稠没有水分，这时的糖汁已经均匀地包裹在红果上，出锅装入平盘上桌食用。

⭐ 特点

色泽红润，晶莹透亮，消食开胃。

此菜是一道天津传统名菜。

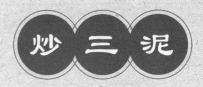

炒 三 泥

● 原料

主料：山药 100 克，豆沙馅 100 克，京糕 100 克。
调料：大油 100 克，桂花适量，白糖 100 克。

● 制作过程

a. 将山药放入蒸箱蒸熟，制成山药泥，京糕拍碎制成京糕泥，备用。

b. 锅中放入大油烧至五成热，下入豆沙馅和白糖 20 克炒透，待水汽蒸发豆沙泥变硬即可出锅装入带有圆形磨具的平盘中。

c. 锅中放入大油烧至五成热，下入山药泥和白糖 50 克炒透，待水汽蒸发山药泥变硬即可出锅装入磨具里的豆沙泥上。

d. 锅中放入大油烧至五成热，下入京糕泥和白糖 30 克炒透，待水汽蒸发京糕泥变硬即可出锅装入磨具里的山药泥上。将磨具轻轻地拿起即可上桌食用。

● 特点

此菜三色相间，造型独特，酸甜适口，健脾开胃。
此菜是一道传统的天津名菜。

八宝饭

🥟 原料

主料：江米 100 克。

辅料：豆沙馅 100 克，青红丝 20 克，莲子 20 克，蜜瓜 20 克，红枣 20 克，桃脯 20 克，桂圆肉 20 克，核桃仁 20 克，葡萄干 20 克。

调料：大油 30 克，白糖 300 克，桂花酱 20 克，湿淀粉适量。

🍲 制作过程

a. 将江米洗净加适量水浸泡，泡 6 个小时上蒸箱蒸熟，加入青红丝和白糖 200 克拌匀后备用。

b. 将蜜瓜、红枣、桃脯、桂圆、核桃切成与葡萄干大小相同的菱形片备用。

c. 将保鲜膜铺在圆碗里，将部分江米饭放入碗的四周，中间留空，把豆沙馅放在江米饭中间，再将剩余江米饭盖在豆沙馅上压实备用。

d. 将碗扣在平盘上，把碗拿起揭去保鲜膜，将所有的辅料均匀地一层一层摆在江米饭上，再用保鲜膜包裹住扣上圆碗，将碗反过来把平盘拿去，压实八宝饭放入蒸箱蒸透。

e. 将八宝饭再扣到平盘中间，揭去保鲜膜，锅中放入适量水烧开后加入剩余的白糖，挂薄芡加入桂花酱搅匀，将汁浇在八宝饭上即可上桌食用。

⭐ 特点

造型美观，玲珑剔透，果香味浓，饭黏馅甜。

此菜是天津传统筵席甜菜品种之一。

红枣核桃烙

原料

主料：红枣 100 克，核桃 50 克。
辅料：糯米 50 克，葡萄干 5 粒，小薄荷叶 1 朵。
调料：冰糖 30 克，蜂蜜 30 克。

制作过程

a. 将核桃和糯米浸泡 4 小时后打茸过滤，红枣浸泡 2 小时后放入蒸箱蒸 2 小时，放凉打茸过滤。

b. 锅中放入适量水和冰糖煮开，将核桃和糯米倒入煮开，再放入红枣、蜂蜜，煮开后放凉，进冰箱冷藏 8 小时以上备用。

c. 将红枣核桃烙放入小玻璃杯中，上面放上葡萄干、薄荷叶即可上桌食用。

特点

色泽柔和，甜韵爽滑，回味无穷。

全 家 福

📎 **原料**

　　主料：鲍鱼 1 只，海参 1 个，瑶柱 1 个，花胶 30 克，蹄筋 30 克，虾仁 1 个，五花肉 30 克，鸡腿肉 30 克，猪肚 30 克，口蘑 1 个，花菇 1 个，咸火腿 1 片。

　　调料：净油 500 克（耗 10 克），大油 5 克，葱姜丝 5 克，大料 1 瓣，面酱 3 克，料酒 5 克，酱油 5 克，盐 1 克，糖 3 克，浓汤、花椒油、湿淀粉适量。

🍱 制作过程

a.将鲍鱼、海参、瑶柱、花胶、蹄筋、花菇分别发制好，将虾仁、五花肉、鸡腿肉分别上浆，将猪肚和口蘑分别煮熟，将咸火腿上蒸箱蒸透，备用。

b.锅中放入净油烧至六成热，下入五花肉、鸡腿肉和虾仁滑散，捞出控油。

c.锅中放入大油下大料煸香，炝葱姜丝放面酱炒香，烹料酒、酱油打汤烧开，下入五花肉、鸡腿肉、猪肚、花菇、咸火腿小火慢熻，熻透后调味，放入其他原料烧制，薄芡挂匀后，将原料放入容器里，最后摆上海参、花胶、瑶柱，锅中汁打入花椒油浇入容器中即可上桌食用。

⊛ 特点

色泽嫩红，汁浓味厚，回味无穷。

全家福是津门的传统名菜之一。其前身出自李鸿章"杂烩"，清末直隶总督李鸿章在天津执政二十多年，他的行辕就在三岔河口南运河北岸，有一天李大人宴请外国使节，却忘记了通知家厨，厨房师傅虽说没有准备，但用家中的余料鲍鱼、海参、干贝、鱿鱼、鱼肚等，每样都有一点，掌勺师傅烹制出一道尚且来不及命名的海鲜菜品，热菜上桌，汁明芡亮，滋味相融，醇香味厚，洋人大喜，忙问李鸿章菜名是什么，李大人于是含糊其词地说"杂烩"，吃得满嘴生香的洋人连连称绝。后来此菜传名海外，天津名士陆辛农在《食事杂诗辑》中道："笑他浅识说荒唐，上国名厨食有方；盛馔竞询传'杂烩'，食单高写李鸿章。"大约是民国初年，有文人墨客聚宴品尝此菜时觉得"杂烩"的菜名，实在辱没李大人和津菜的名声，于是改名为"全家福"。这道菜以后厨师们又加入了几种原料，烧制得更为精致，一直流传至今。

一品火锅

原料

主料：净填鸭 1 只，白条鸡 1 只，猪肘 1 个，鳜鱼 1 条，虾仁 300 克，发好海参 6 条，发好鲍鱼 3 只，发好花胶 150 克，发好蹄筋 200 克，发好鱼唇 200 克，制作好的鱼腐 10 个，鸽蛋 10 个，花菇 8 个，冬笋 200 克，蟹黄 100 克，茭白 200 克，马蹄 50 克，粉丝 1 把，白菜 300 克。

调料：净油 1 000 克（耗 50 克），葱 100 克，姜 100 克，料酒 100 克，酱油 100 克，鸡蛋 4 个，盐 50 克，白糖 50 克，湿淀粉、嫩糖色适量，大料 1 朵，姜汁 50 克，香油 50 克，高汤 1 000 克，浓汤 1 000 克。

制作过程

a. 将填鸭、鸡、肘子分别处理干净，放入锅中煮至五成熟时捞出，分别涂抹嫩糖色晾干，取一容器将它们放入，把葱段、姜片、大料放入容器内加料酒、酱油、盐、白糖、嫩糖色，放入高汤进蒸箱蒸透，取出后轻轻地把它们去骨备用。

b. 将鳜鱼洗净去骨取肉，切成长约 6 厘米、1 厘米见方的条，上浆备用。

c. 将虾仁、马蹄分别切碎放入碗中加入姜汁、鸡蛋清、盐、湿淀粉制成虾泥备用。

d. 锅中放入净油烧至四成热，下入鱼条滑散捞出，油温升高后下入鸽蛋炸至金黄色捞出，锅中留适量底油，将虾泥挤成小丸子压扁放入锅煎熟，出锅备用。

e. 取一品锅容器，将所有食材依次放入，码放整齐，浇上浓汤加入盐、姜汁放入蒸箱蒸透，一品锅取出用绿色菜装饰一下，酱油碟、醋碟单带，一品锅上桌食用。

特点

用料丰满，香气四溢，鲜嫩爽口，汤汁浓郁，回味无穷。

此菜是天津传统大菜之一。

拔丝冰激凌

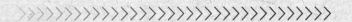

原料

主料：冰激凌 100 克。

辅料：锥形蛋卷筒 16 个，蛋皮 1 张。

调料：净油 1 000 克（耗 50 克），蛋黄 4 个，淀粉 50 克，白糖 100 克，净水 60 克。

制作过程

a. 将蛋皮煎成蛋卷筒的圆口形状，把冰激凌装入蛋卷筒里，用蛋皮封住口压实，放入冰箱冷冻。

b. 用蛋黄、淀粉调成蛋黄糊。

c. 锅中放入净油烧至六成热，将冰激凌蛋卷均匀地沾上蛋黄糊，下入油锅大火迅速炸至定壳捞出控油，立即倒入用水和白糖炒制的糖汁，翻匀装入抹好油的平盘中，一小碗水单带，即可上桌食用。

特点

色泽金黄，银丝闪烁，香酥凉甜，醒酒开胃。